Python项目化实战教程

——零基础学Python

主　编　刘风华

副主编　柳　祎　王延通　李　莹

ZHEJIANG UNIVERSITY PRESS

浙江大学出版社

·杭州·

图书在版编目(CIP)数据

Python项目化实战教程：零基础学Python / 刘风华主编. — 杭州：浙江大学出版社，2023.6
ISBN 978-7-308-23696-6

Ⅰ. ①P… Ⅱ. ①刘… Ⅲ. ①软件工具-程序设计-教材 Ⅳ. ①TP311.561

中国国家版本馆CIP数据核字(2023)第071196号

Python项目化实战教程——零基础学Python
PythonXIANGMUHUA SHIZHANJIAOCHENG——LINGJICHUXUE Python

主　编　刘风华

责任编辑　吴昌雷
责任校对　王　波
封面设计　周　灵
出版发行　浙江大学出版社
（杭州市天目山路148号　邮政编码310007）
（网址：http：//www.zjupress. com）
排　　版　杭州晨特广告有限公司
印　　刷　杭州杭新印务有限公司
开　　本　787mm×1092mm　1/16
印　　张　16
字　　数　386千
版 印 次　2023年6月第1版　2023年6月第1次印刷
书　　号　ISBN　978-7-308-23696-6
定　　价　59.00元

前　言

互联网、大数据、人工智能等技术的普遍应用，构成了一个数字化的信息空间，在数字化世界里，沟通靠的是程序设计语言，掌握了程序设计开发语言就拥有了一把打开创新之门的钥匙。在众多的程序设计语言中，由于 Python 入门简单、应用广泛，已经成为越来越多开发者首选的程序设计语言。

本书作者长期从事软件开发与教学工作，拥有丰富的教学和实战经验，在近20年的一线教学中，深知学生在学习编程语言中的困惑与迷茫，为此，在教材内容设计中兼顾知识性、实用性、趣味性与启发性，通过丰富的原创教学案例帮助学生理解和使用 Python 语言。

本书内容：

本书紧跟Python设计语言的前沿应用，以真实项目为背景，以问题为导向，采用任务驱动式教学法，将知识点有机融入7个项目中。通过学习可以掌握算法的基本思想、程序设计的基本思想和方法；并能够通过分析、设计、编码、调试、测试等过程完成开发任务；能够使用词云等工具进行数据可视化展示。

教材中将党的二十大精神融入教学。其中，教学方法上将“认识—实践—再认识”的方法论融于教学全过程，提升学生解决问题的综合能力。在教学内容上，将文化自信、低碳环保、信息安全、社会责任等思政点融入程序案例。通过系统化课程思政的设计，培育学生的责任担当和不断进取的精神品质，激发学生的爱国情、报国志。

学习建议：

1. 加强积累　夯实基础

通过学习 Python 的数据类型、变量、选择结构、循环结构、函数、类等操作，逐步找到编程的感觉。

2. 保持好奇　积极实践

编程从模仿开始，找到生活中的一些现象，利用程序进行解决。俗话说“拳不离手，曲不离口”，程序编写水平会在不断的实践中逐步提高。

3. 善于交流　开拓视野

积极主动的和其他学习者交流，多上论坛、多看案例、多写程序，见多识广，方能博学多才。

4. 勇于探索　保持热情

当你遇到一些未知的技术时，不要犹豫、不要等待，积极的去探索，去尝试，去挖掘数字世界的奥秘，保持对程序开发的热情，一定会学有所成！

学习资源：

本书提供了丰富的教学资源，包含400分钟的微课视频、教学PPT、教学设计资料、教学大纲、课程标准、程序源代码等；并在学银在线同步开设了MOOC，网址为：https://www.xueyinonline.com/detail/220266375。

本书由陈时华教授主持编写，其中刘风华老师负责项目1、3、4、6、7的撰写，柳祎老师负责项目2的内容撰写及项目2、3、4的微课录制，王延通老师负责项目 5的内容撰写与微课录制，李莹负责全文的审核与校对。

本书在编写过程中得到了浙江海瑞网络科技有限公司研发总监陈晗、浙江有邻网络科技有限公司技术总监沈海燕及资深软件开发工程师们的大力支持，在此向他们致以诚挚的谢意。同时感谢参与教材编排的同学，其中陈旖旎、王诗媛、叶迎春同学参与了初稿的排版工作；丁源毅、吕坚锴、陆孟杨、潘柔羽、程梦龙、林筠植等同学参与了程序调试、部分程序流程图绘制及微课视频的剪辑工作。

由于编者水平有限，书中难免有疏漏之处，敬请广大读者批评指正，在此表示衷心的感谢。

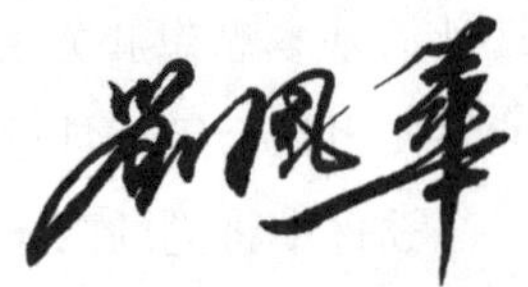

2023年1月

目　录

项目一　Hello 冰墩墩——认识 Python

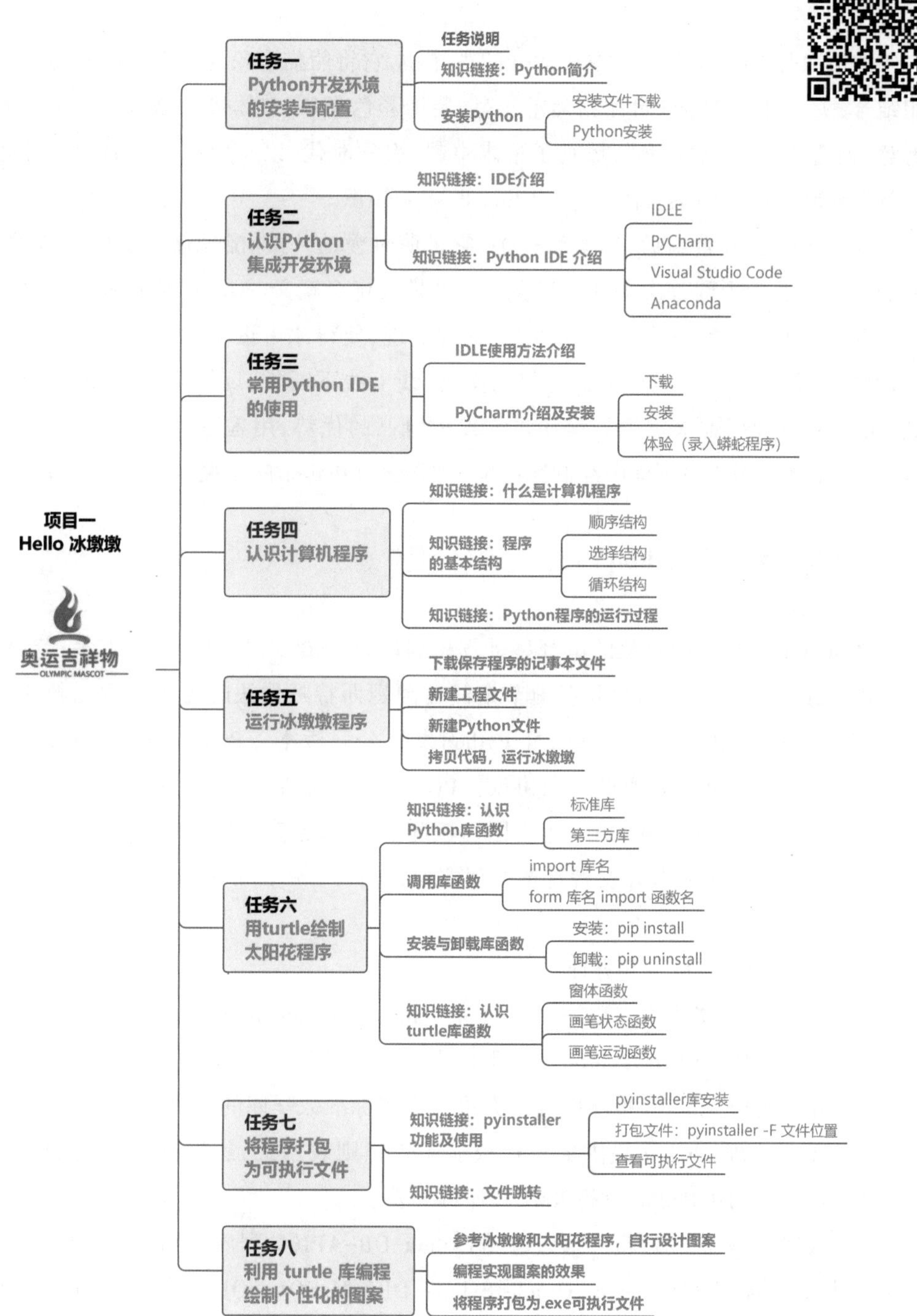

项目背景

任务一　Python开发环境的安装与配置

一、任务说明

冰墩墩是2022年北京冬季奥运会的吉祥物，它将熊猫形象与富有超能量的冰晶外壳相结合，头部外壳造型取自冰雪运动头盔，装饰彩色光环，整体形象酷似航天员。冰墩墩寓意“创造非凡、探索未来”，体现了追求卓越、引领时代，以及面向未来的无限可能。下面就以绘制冰墩墩图案为例，学习Python的相关知识。

北京冬奥会开幕前后，冰墩墩火了，它呆萌可爱的外形、酷似航天员的独特设计，让人们爱不释手。中国首次举办冬奥会是一件极具纪念意义的大事，消费者们也争相购买纪念品来收藏，加之“三亿人上冰雪”目标的实现，使得冰雪运动拥有更多受众。在很多奥运特许商品店里，冰墩墩的摆件早已卖光，线上线下断货，玩偶摆件、钥匙链全都买不到，可谓是一“墩”难求。于是程序员们发挥自己的优势，用程序设计语言画出了“冰墩墩”。下面就以用Python程序绘制冰墩墩为例，学习Python的相关知识。

二、知识链接：Python简介

Python是一种面向对象的解释型计算机程序设计语言，是由荷兰人吉多·范·罗苏姆(Guido van Rossum)于1989年圣诞节期间在阿姆斯特丹休假时为了打发无聊的假期而编写的一个脚本解释程序。1991年Python发行公开版本。Python是纯粹的自由软件，源代码和解释器CPython遵循GPL协议。Python语法简洁清晰，从2015年起国内程序员就开始慢慢接触Python，到2016年在国内掀起了学习热潮。由于Python入门简单、应用广泛，已经成为越来越多开发者首选的程序设计语言。Python是当今大学里授课最多的程序设计语言。

Python的功能有以下几方面。

(1)系统编程：提供应用程序接口(Application Programming Interface，API)。

(2)图形处理：有PIL、Tkinter等图形库支持，能方便进行图形处理。

(3)数学处理：NumPy扩展库提供大量与许多标准数学库的接口。

(4)文本处理：Python提供的re模块能支持正则表达式，还提供SGML、XML分析模块，许多程序员利用Python进行XML程序的开发。

(5)数据库编程：程序员可通过遵循Python DB-API(数据库应用程序编程接口)规范的模块与Microsoft SQL Server、Oracle、Sybase、DB2、MySQL、SQLite等数据库通信。Python

自带的Gadfly模块提供了一个完整的SQL环境。

课程学习内容介绍

（6）网络编程：提供丰富的模块支持sockets编程，能方便快速地开发分布式应用程序。

通过本课程的学习，可以掌握算法的基本思想、程序设计的基本思想和方法；利用turtle绘图学习编程规范、文件打包等操作；能够通过分析、设计、编码、调试、测试等过程完成简单的开发任务；能够使用词云等工具进行数据可视化展示，使用面向对象的编程思想开发简单的游戏。

三、安装Python

下载Python安装文件

Python官网提供了各种版本的安装文件，可以从官网下载安装文件，下载网址为：https://www.python.org/downloads。图1-1所示为Python官网界面。

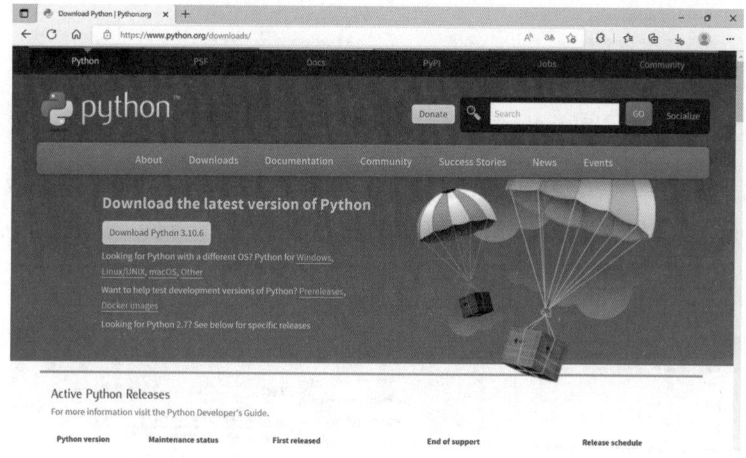

图1-1　Python官网界面

选择Downloads下的版本，根据用户使用电脑的操作系统进行选择，如图1-2选择的是Windows操作系统。

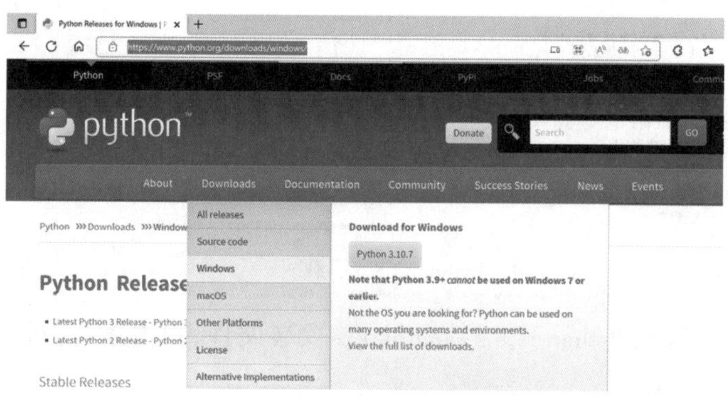

图1-2　Python官网下载界面

进入下载界面后，可以看到官网中提供的各种版本，如图1-3所示。

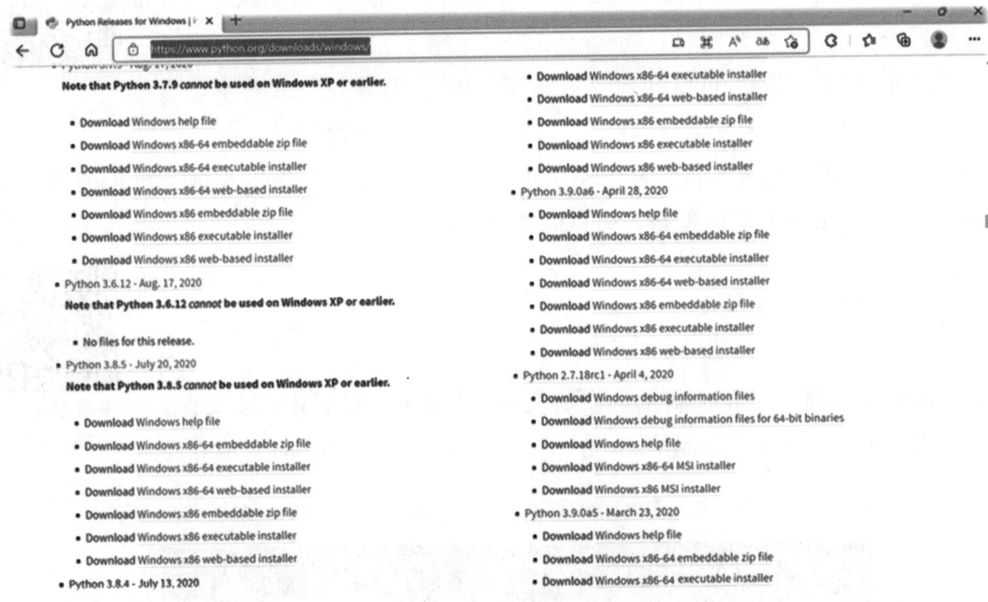

图1-3　支持Windows操作系统的各个版本

考虑到后续内容中将学习词云、游戏开发等内容，尽量选择3.8.5 以上版本。本书提供的程序为Python 3.8.5版本。因此，以Python 3.8.5下载为例，点击Download Python 3.8.5，开始下载文件，如图1-4所示。

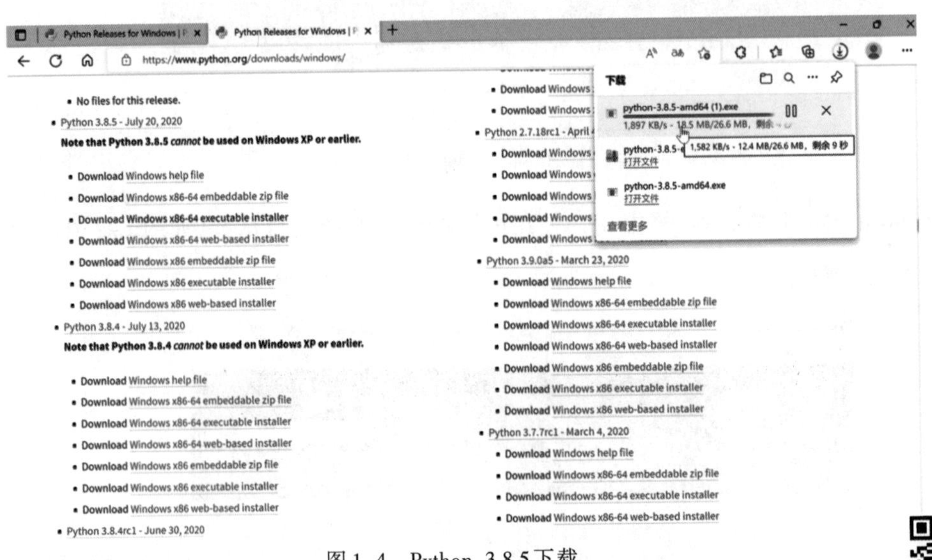

图1-4　Python 3.8.5下载

下载完成后，找到Python-3.8.5-amd64.exe安装文件，双击运行，进入安装界面，如图1-5所示。

Python
安装视频

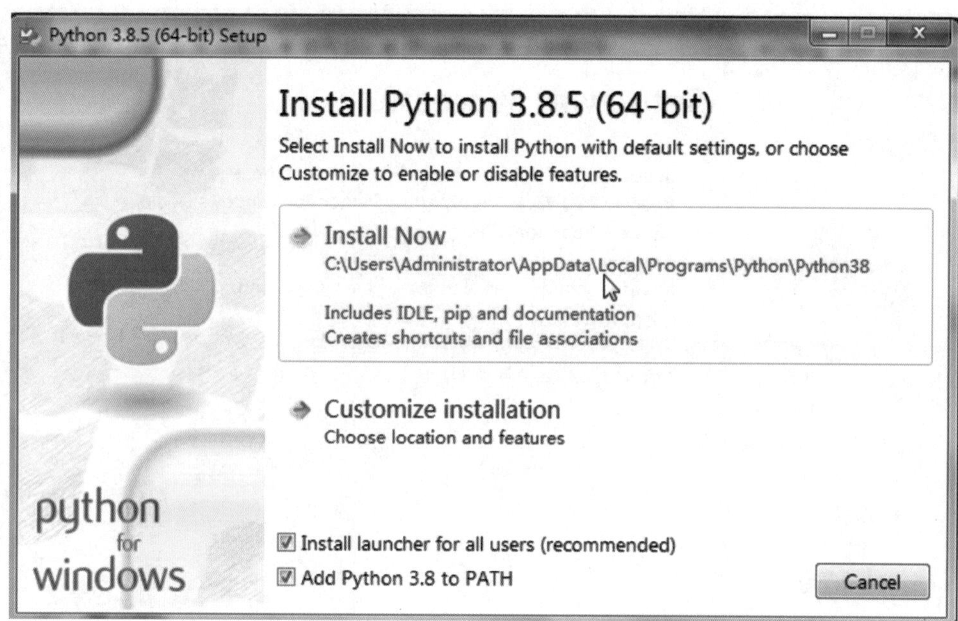

图 1-5　运行 Python　3.8.5 安装文件

选择 Install Now，并勾选 Install launcher for all users（recommended）和 Add Python 3.8 to PATH，等待 Python 完成安装，如图 1-6 所示。

注意：如果未勾选 Add　Python　3.8　to　PATH，安装完需要自己配置环境变量。

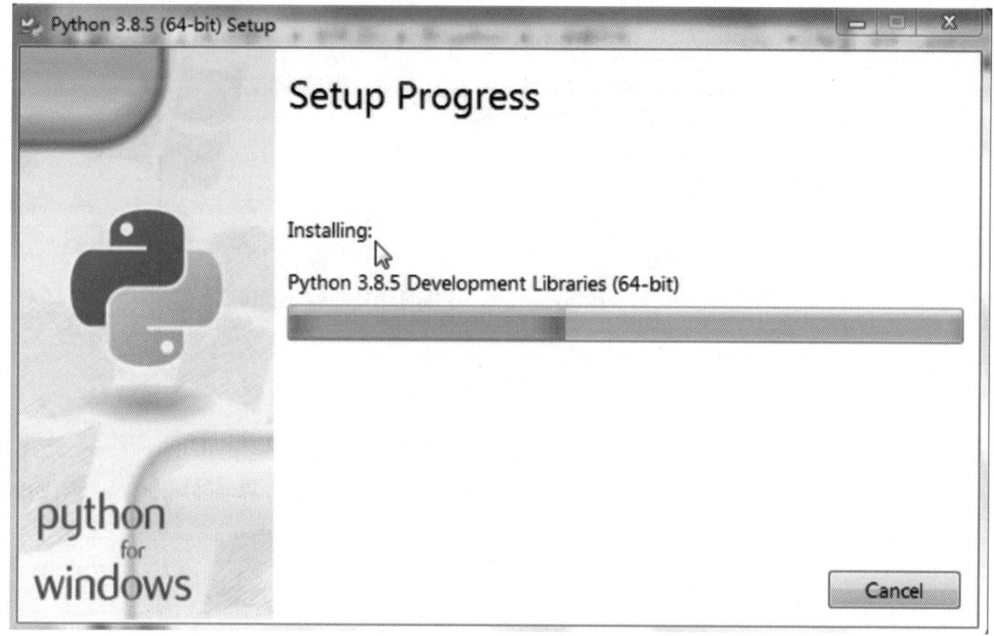

图 1-6　Python 安装进行中

当出现如图 1-7 所示的 Setup　was　successful 时，表示安装完成。

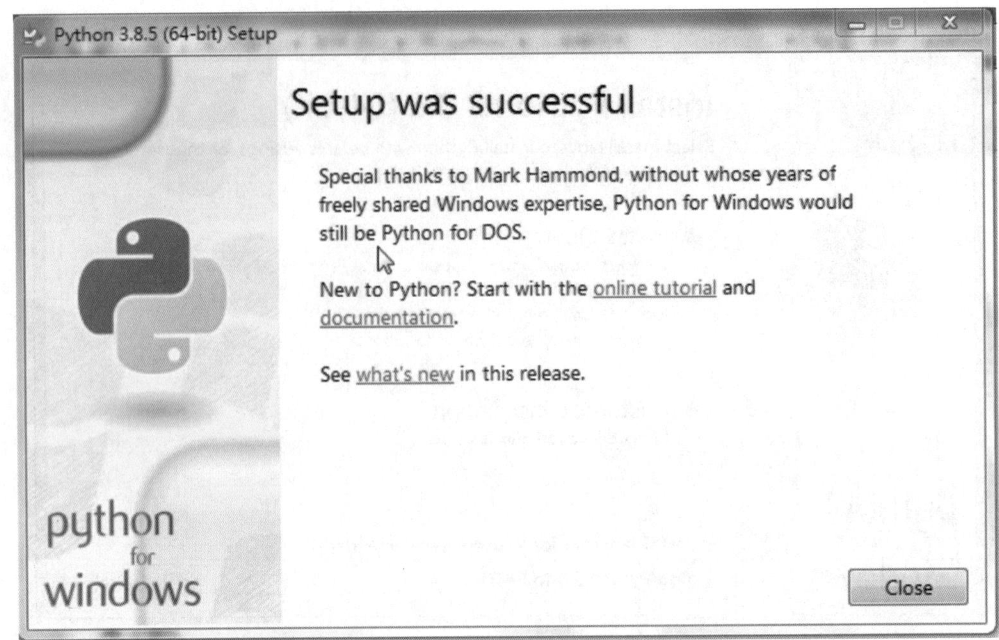

图1-7 安装成功

完成安装后，右键单击“开始”菜单，选择“运行”，或者使用Win+R快捷键调出“运行”界面，如图1-8所示。

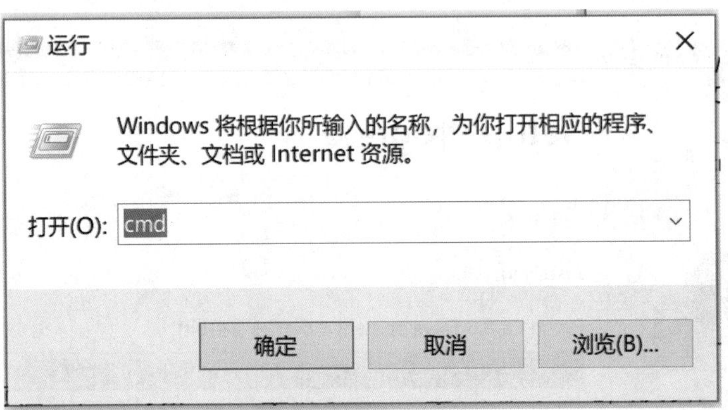

图1-8 调出“运行”界面

在“打开”中输入cmd命令并按Enter键，进入终端窗口，输入“python”命令来查看本地是否已经安装Python以及Python的安装版本。图1-9所示的界面显示安装了Python 3.8.5的版本。

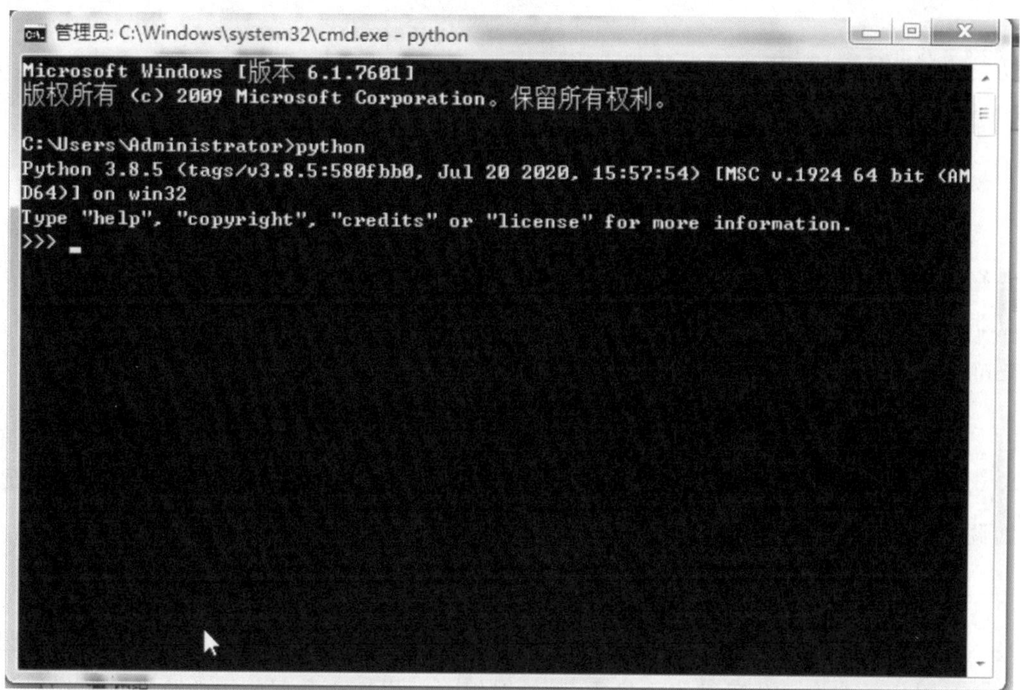

图 1-9　显示安装的 Python 版本

任务二　认识 Python 集成开发环境

IDE 介绍

一、知识链接:IDE 简介

IDE 是 Integrated Development Environment 的缩写,中文称为集成开发环境,用来表示辅助程序员开发的应用软件,是它们的一个总称。运行 Python 语言程序必须有解释器。在实际开发中,除了运行程序必需的工具外,我们往往还需要很多其他辅助软件,例如语言编辑器、自动建立工具、除错器等。这些工具通常被打包在一起,统一发布和安装,例如 PythonWin、MacPython、PyCharm 等,它们统称为集成开发环境(IDE)。因此可以这么说,集成开发环境就是一系列开发工具的组合套装。这就好比台式机,一个台式机的核心部件是主机,有了主机就能独立工作了,但是我们在购买台式机时,往往还要附带上显示器、键盘、鼠标、U 盘、摄像头等外围设备,因为只有主机太不方便了,必须有外设才方便用户使用。一般情况下,程序员可选择的 IDE 类别是很多的,可以根据学习需要进行选择。

二、知识链接：Python IDE介绍

（一）IDLE

IDLE是开发Python程序的基本IDE（集成开发环境），具备基本的IDE的功能，当安装好Python以后，IDLE就会自动安装。同时，使用Eclipse这个强大的框架式IDLE也可以非常方便地调试Python程序。IDLE的基本功能有语法加亮、段落缩进、基本文本编辑、Table键控制、调试程序。

（二）PyCharm

PyCharm是JetBrains开发的Python IDE。PyCharm用于实现一般IDE具备的功能，比如调试、语法高亮、Project管理、代码跳转、智能提示、自动完成、单元测试、版本控制等。

（三）Visual Studio Code

Visual Studio Code是Microsoft提供的代码编辑器。Visual Studio Code易于使用，因为它针对构建和调试代码进行了优化，是针对编写现代Web和云应用的跨平台源代码编辑器。其可在桌面上运行，并且可用于Windows、macOS和Linux。开发人员可以通过安装一些插件的Visual Studio Code在各种编程环境中进行开发。它具有对JavaScript、TypeScript和Node.js的内置支持。Microsft为Visual Studio Code提供了Python插件。Visual Studio Code具有丰富的其他语言（例如C++，C#，Java，Python，PHP，Go）和运行时（例如.NET和Unity）扩展的生态系统。它适用于中小型系统的开发，因为它的行为或动作很轻。

（四）Anaconda

Anaconda是Python另一个非常流行的发行版，它自带包管理器“conda”。Anaconda会预装很多包，包括Jupyter Notebook，所以若已经安装了Anaconda，则Jupyter已经自动安装完毕。Jupyter Notebook适用于数据可视化或机器学习，因为它在以单元格为单位的代码执行、绘制图形和表格方面表现出色。

以上介绍了四种Python IDE，表1-1从安装方式和适用场景上对其进行对比。

表1-1 常用Python IDE对比

IDE类型	安装方式	适用场景
IDLE	Python自带	简单程序开发
PyCharm	第三方工具	开发生产级应用程序，具备Project管理、智能提示等
Visual Studio Code	第三方工具	Web和云应用的跨平台源代码编辑
Anaconda	第三方工具	机器学习、数据可视化

任务三　常用 Python IDE 的使用

一、IDLE 使用方法介绍

当 Python 程序安装完毕后，IDLE 就会自动安装，因此在“开始”中可以直接找到 IDLE，如图 1-10 所示。

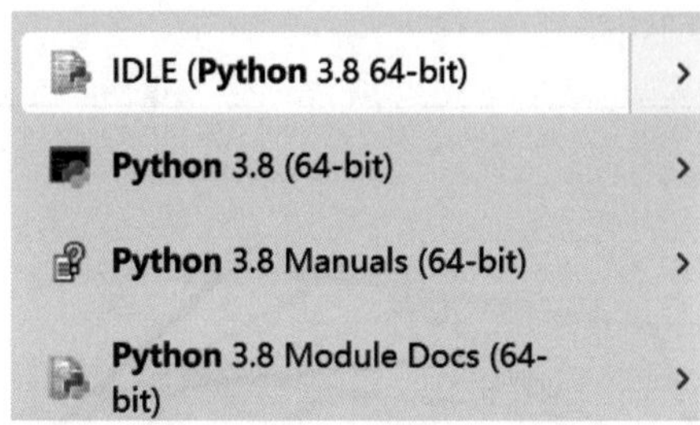

图 1-10　启动 IDLE

启动 IDLE 后进入如图 1-11 所示界面，此时可以进行单行命令输入，例如输入 5>3 后，按 Enter 键，运行结果为 True，输入 800+345 后，按 Enter 键，运行结果为 1145。

```
Python 3.5.3 Shell
File Edit Shell Debug Options Window Help
Python 3.5.3 (v3.5.3:1880cb95a742, Jan 16 2017, 16:02:32) [MSC v.1900 64 bit (AMD64)] on win32
Type "copyright", "credits" or "license()" for more information.
>>> 5>3
True
>>> 800+345
1145
>>>
```

图 1-11　IDLE 界面

如果要录入程序，可以点击菜单 File，选择 New　File，进入一个空白界面，此时可以输入程序，例如图 1-12 为录入彩色图案的程序。

```
col_img.py - C:/Users/83954/AppData/Local/Programs/Python/Python3...
File Edit Format Run Options Window Help
import turtle

turtle.pensize(4)
color = ['orange','pink','yellow','black','green','tomato','blue','purple','red'
for i in range(63):
    turtle.pencolor(color[i%9])
    turtle.fd(i*2.15)
    turtle.left(62)

turtle.mainloop()
```

图 1-12　在 IDLE 中录入程序

输入完毕后注意保存文件，输入后缀名.py，此时可以对程序进行保存，如果想要看到程序的运行效果，点击Run菜单下的Run Module，如图1-13所示。

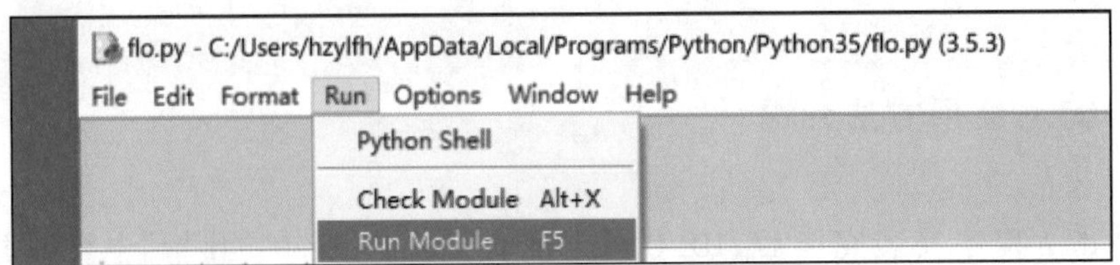

图1-13 IDLE中的运行界面

运行结果如图1-14所示。

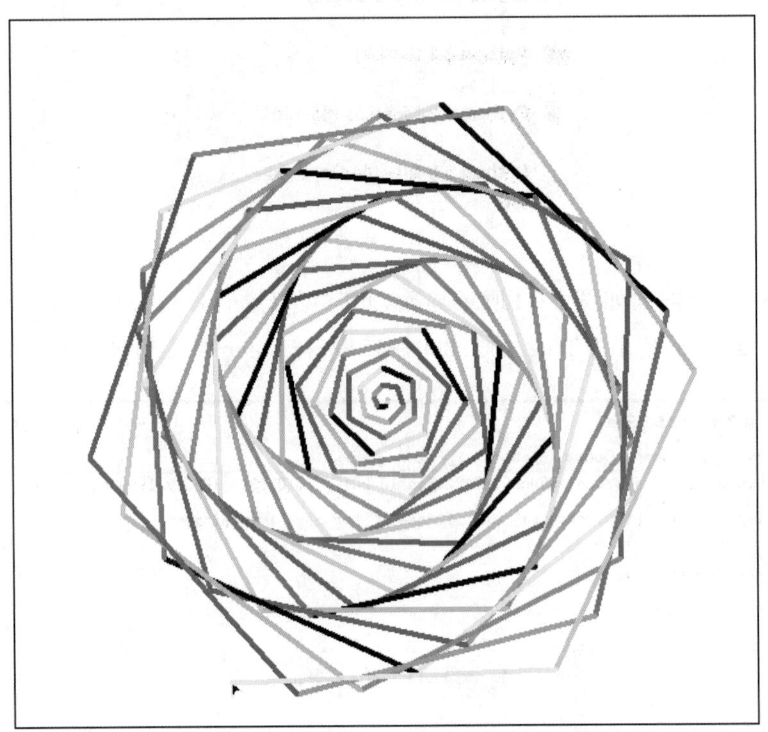

图1-14 运行结果

二、PyCharm介绍及安装

PyCharm是一种Python IDE。PyCharm是JetBrains公司开发的Python集成开发环境，带有一整套可以帮助用户在使用Python语言开发时提高其效率的工具。PyCharm不仅包含一般IDE的功能，比如调试、单元调试、查看堆栈、即时计算、语法高亮、项目管理、代码格式化、智能提示、版本管理等，还支持Django、Flask、Google App Engine、Angular、React、docker等。可以进入官网https://pycharm.en.softonic.com下载PyCharm，如图1-15

所示。

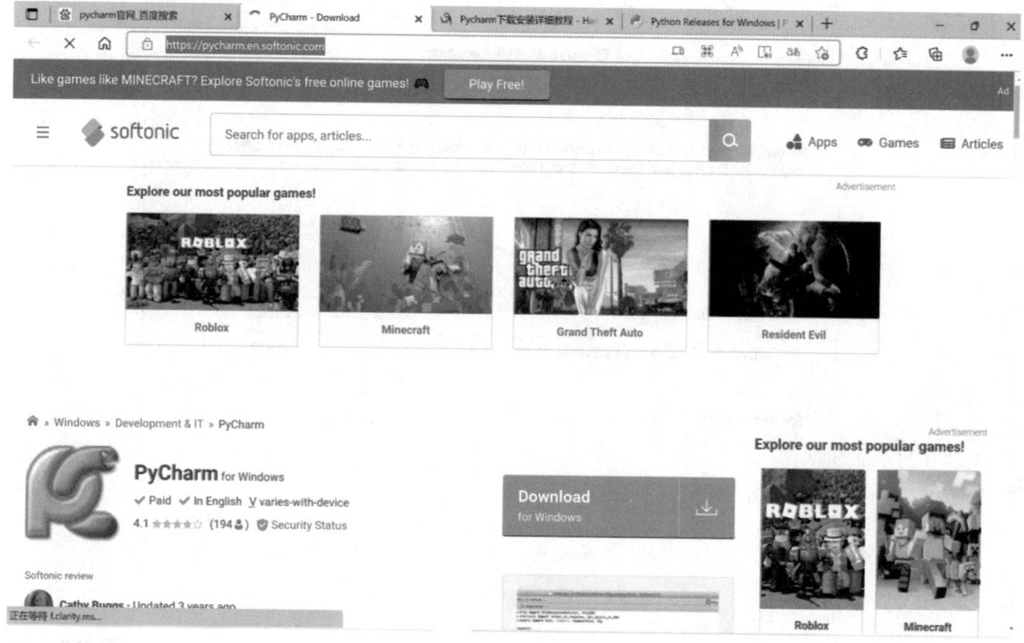

图 1-15　PyCharm 官网

界面中显示的通常为最新版本，可以点击 Download，进入图 1-16 所示界面，通常个人用户选择 Professional 版本，点击 Download。

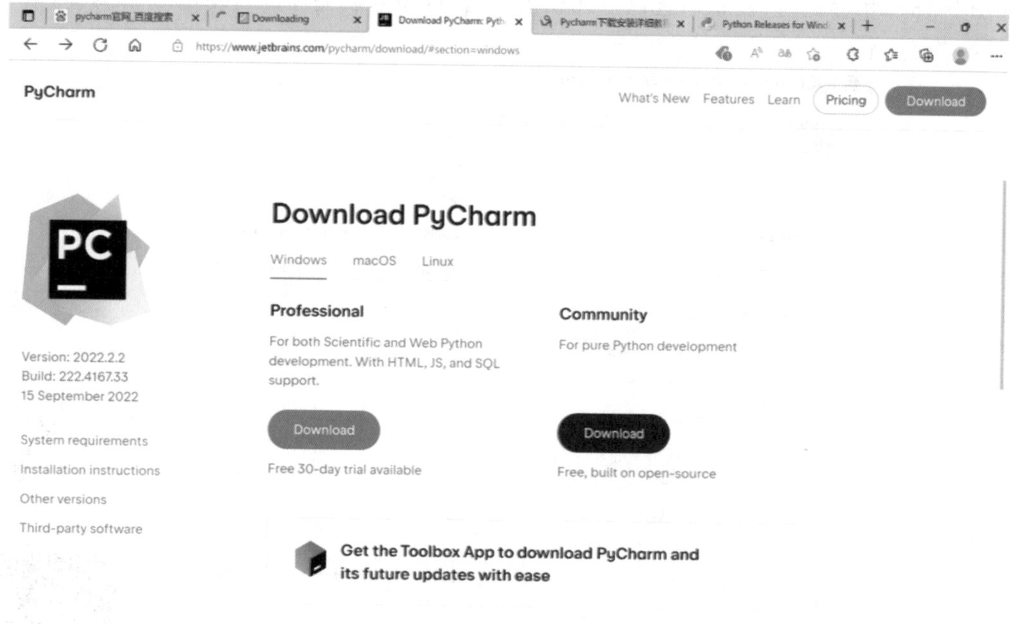

图 1-16　PyCharm 下载

选择安装目录，一般不建议安装在C盘下，本次安装选择在D盘下，如图1-17所示。

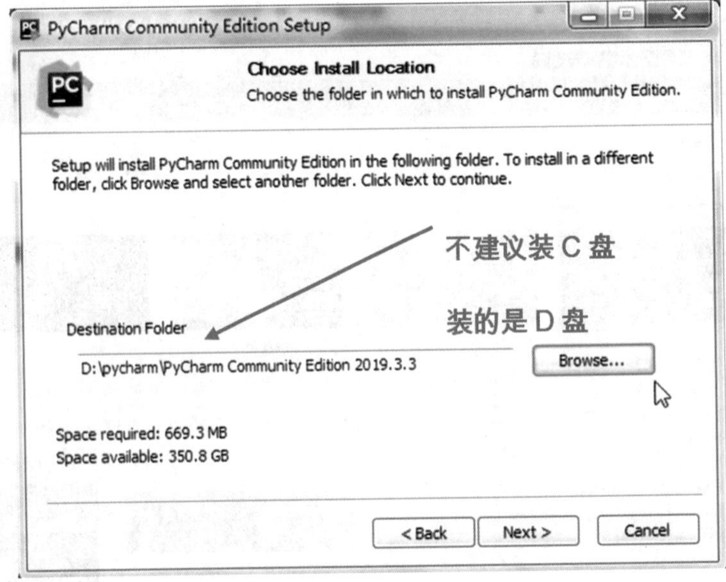

图1-17　PyCharm安装

官网中可以下载30天试用版本，本书提供 pycharm-community-2019.3.3.exe 的安装程序，直接扫描进行下载即可。

下载PyCharm安装文件

下载完成后，双击 pycharm-community-2019.3.3.exe，按默认配置安装，进入如图1-18所示界面时，注意勾选以下几项内容，进度条安装完毕即可使用。

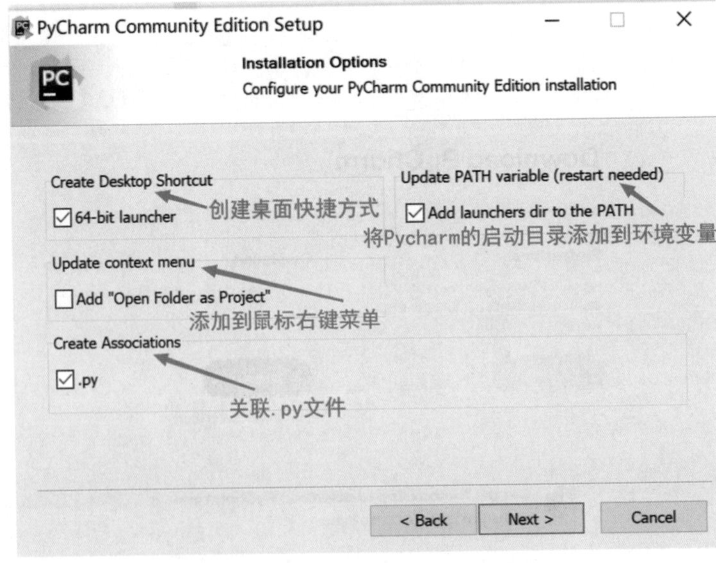

图1-18　PyCharm安装选项配置说明

安装完成后，启动PyCharm，并进行界面的配置，具体操作见视频讲解。

配置PyCharm

任务四　认识计算机程序

一、知识链接:什么是计算机程序

计算机程序是一组计算机能识别和执行的指令,是对计算任务的处理对象和处理规则的描述。它以某些程序设计语言编写,运行于某种目标结构体系上。简单地说,程序是一个指令序列,根据用户使用的编程语言的不同,而采用不同的方式进行编写。程序设计是设计和构建可执行的程序以完成特定计算结果的过程,是软件构造活动的重要组成部分,一般包含分析、设计、编码、调试、测试等阶段。熟悉和掌握程序设计的基础知识,是在现代信息社会中生存和发展的基本技能之一。

二、知识链接:程序的基本结构

在程序设计中,语句可以按照结构化程序设计的思想构成三种基本结构,它们分别是顺序结构、分支结构和循环结构,如图1-19所示。

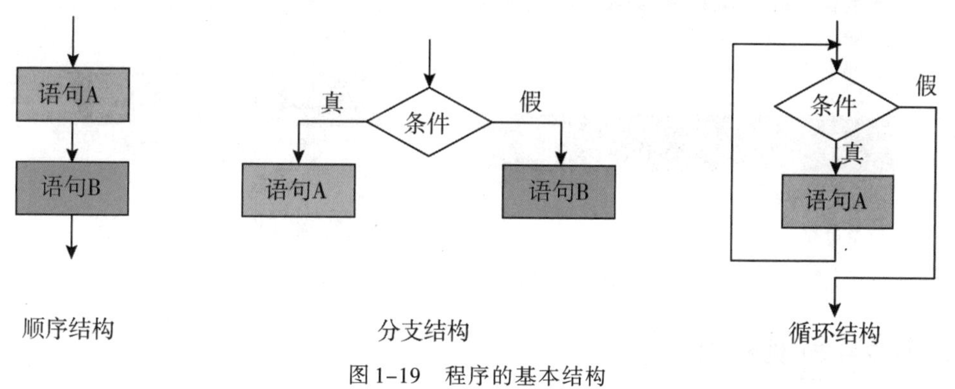

图1-19　程序的基本结构

(一)顺序结构

顺序结构指的是按照指令顺序依次执行每一条语句。例如,你和计算机进行如下对话。

(1)计算机问道:你的爱好是什么? 请用户输入。

(2)计算机显示:你的爱好是(用户输入的内容)。

(3)计算机问道:你有欣赏的明星吗? 请用户输入。

(4)计算机显示:我也喜欢(显示用户输入的内容)。

如果用Python语言和计算机对话,就可以写成如下一段程序:

程序 1-1　用Python语言和计算机对话

```
habit=input("你的爱好是什么？")
print("了解了",habit)
star=input("你有欣赏的明星吗？")
print("我也喜欢",star)
```

(二)选择结构

选择结构指的是根据判断条件,只执行满足条件的部分语句,并且只执行一次。例如:从键盘上输入一个数,判断这个数是奇数还是偶数。如果输入的数是偶数,则执行条件为真的分支,显示该数是偶数;如果输入的数是奇数,则执行条件为假的分支,显示该数是奇数。该程序的流程图、程序及运行结果如图1-20所示。

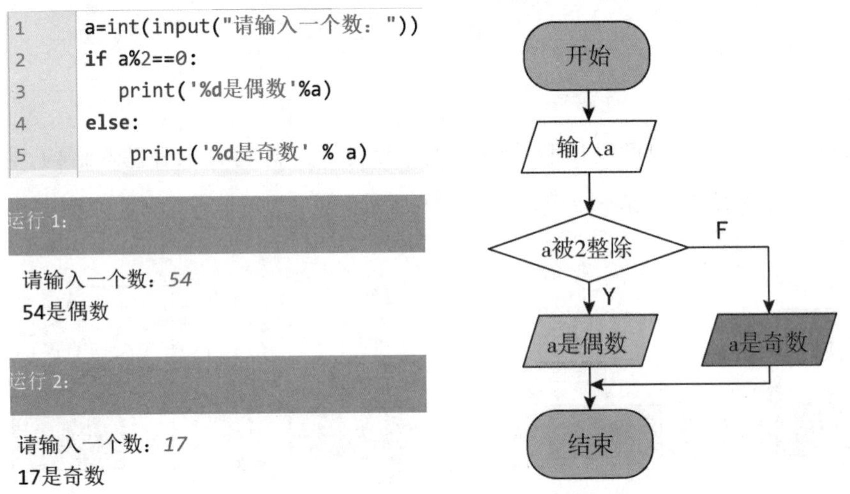

图1-20　判断奇偶数流程图和程序代码及执行结果

程序 1-2　判断奇偶数

```
a=int(input("请输入一个数:"))
if a%2==0:
    print('%d是偶数'%a)
else:
    print('%d是奇数'%a)
```

(三)循环结构

循环结构指的是只要满足判断条件就反复执行循环体,直到不满足条件时退出循环,程序结束。例如在绘制图案的程序中,只要循环变量 i 满足 i<63,则反复执行 t.fd(100+10*i)和 t.left(155),程序流程图和代码如图 1-21 所示。

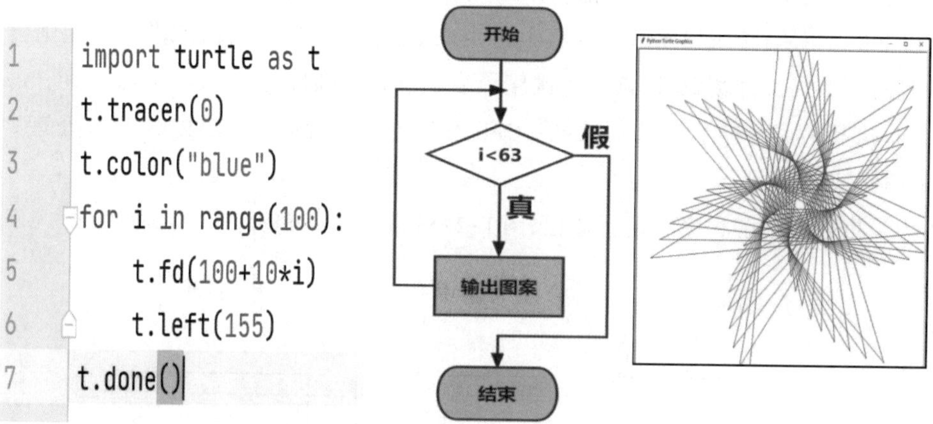

图 1-21　绘制图案的程序代码和流程图及运行结果

程序 1-3　绘制图案

```
import turtle as t
t.tracer(0)
t.color("blue")
for i in range(100):
    t.fd(100+10*i)
    t.left(155)
t.done()
```

三、知识链接:Python 程序的运行过程

计算机是如何读懂程序语言的呢? 如同以英语(程序设计语言)写作的文章,要让一个懂得英语的人(编译器)同时也会阅读这篇文章的人(结构体系)来阅读、理解、标记这篇文章。当我们执行 Python 代码的时候,在 Python 解释器中用四个过程“拆解”我们的代码,最终被 CPU 执行返回给用户。

(1)词法分析:把对用户输入的代码进行词法分析,例如当用户输入关键字或者当输入关键字有误时,都会触发词法分析,不正确的代码将不会被执行。

(2)语法分析:Python 对代码进行语法分析,程序必须严格按照语法规范进行书写。例如在“for i in test:”中,test 后面的冒号如果被写为其他符号,代码是不会被执行的。

(3)生成 .pyc 文件:在执行 Python 前 Python 会生成 .pyc 文件,这个文件就是字节码。

那么什么,是字节码?字节码在Python虚拟机程序里对应的是PyCodeObject对象。.pyc文件是字节码在磁盘上的表现形式。简单来说就是在编译代码的过程中,首先会将代码中的函数、类等对象分类处理,然后生成字节码文件。如果我们不小心修改了字节码,Python下次重新编译该程序时会和其上次生成的字节码文件比较,如果不匹配则会将被修改过的字节码文件覆盖,以确保每次编译后字节码的准确性。

(4)执行程序:有了字节码文件,CPU可以直接识别字节码文件进行处理,接着Python就可以执行了。

为了更好地理解程序的运行过程,图1-22进行了过程分析。

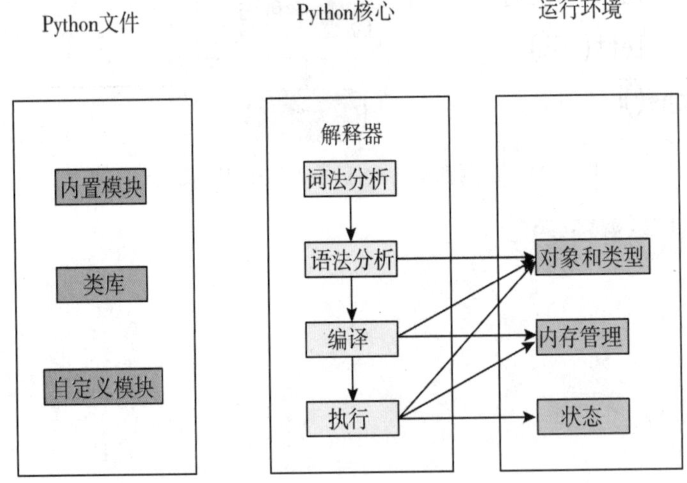

图1-22　Python程序的运行过程

任务五　运行冰墩墩程序

冰墩墩源程序下载

首先打开写入了程序代码的记事本文件,拷贝源代码,获取程序代码请扫描二维码。

然后,进行工程文件和Python文件的创建,新建工程文件、Python文件及运行文件过程见微课视频。

Pycharm下Python文件的新建和运行过程

新建bdd项目文件。建议首先在D盘根目录下建立自己的工程文件夹bdd,然后选择File>New Project,选择文件夹bdd所在的位置,点击Create,选择New Window或This Window。新建工程文件过程如图1-23所示。

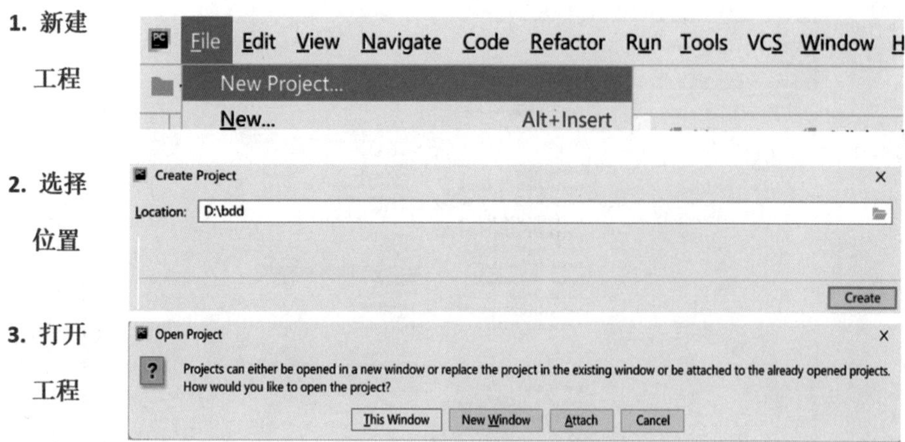

图 1-23　工程文件新建过程

接下来新建 Python 文件，在工程窗体的右侧白色空白区域内单击右键选择 New>Python File，如图 1-24 所示。

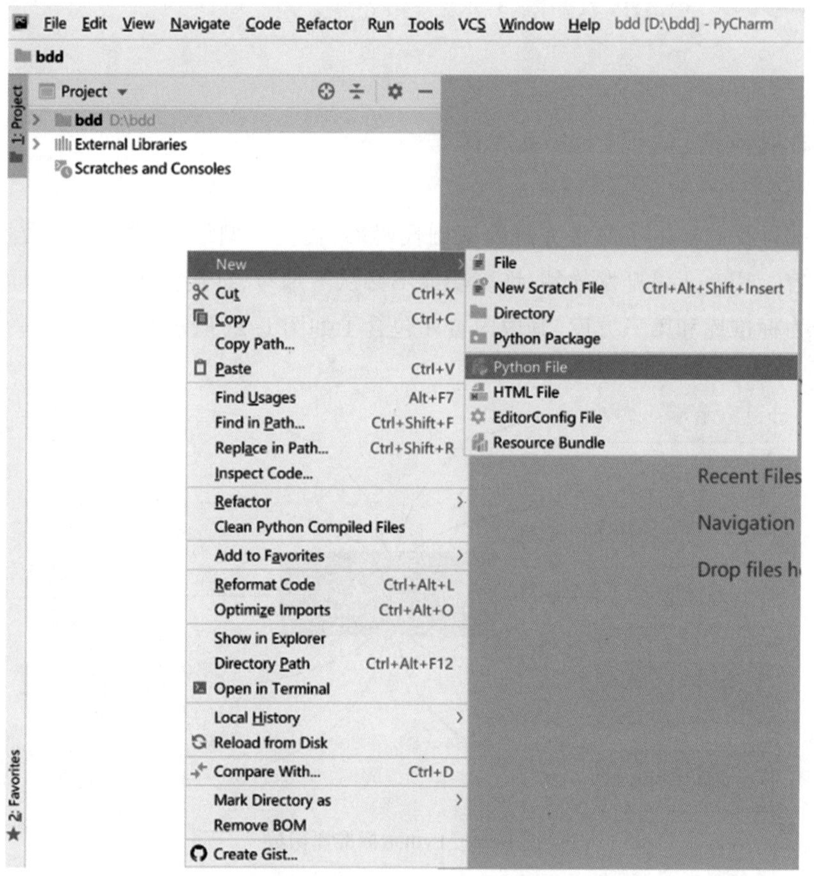

图 1-24　新建 Python 文件

将记事本中的代码粘贴至 bdd.py 的代码区的空白处，如图 1-25 所示。

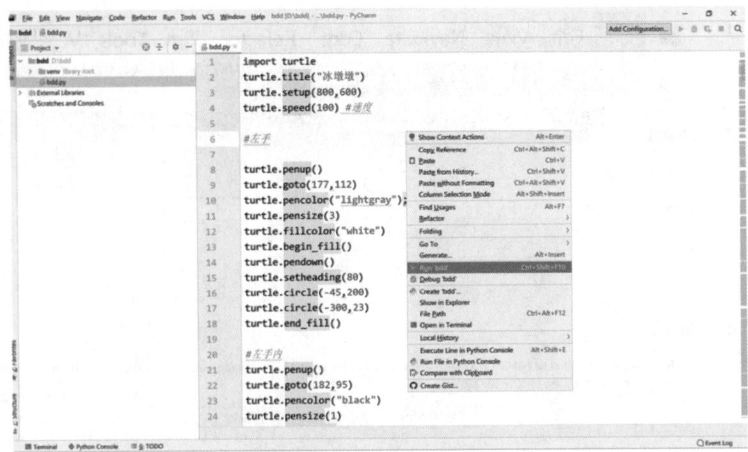

图1-25 运行文件

在代码的空白处单击右键，选择Run “bdd”并单击，即可显示运行效果。

任务六 用turtle绘制太阳花程序

一、知识链接：认识Python库函数

Python为我们提供了非常完善的基础代码库，覆盖了网络、文件、GUI、数据库、文本等大量内容。用Python开发软件，许多功能不必从零编写，直接使用现成的即可。Python库文件分为标准库和第三方库，其中内置库包含了如图1-26所示的十大类型。

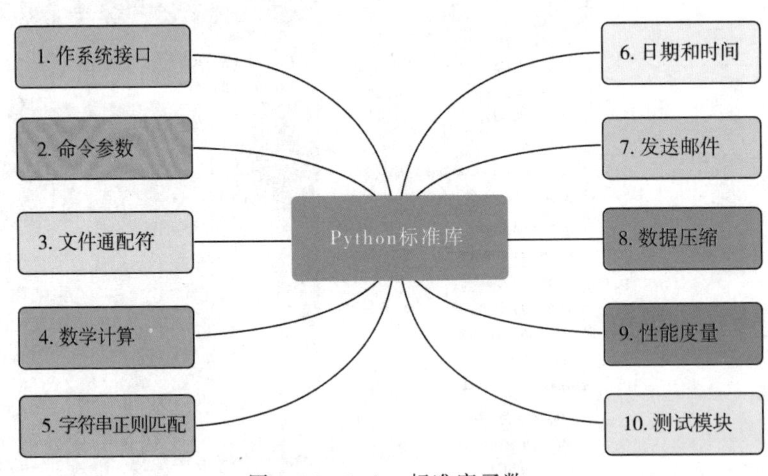

图1-26 Python标准库函数

二、调用库函数

调用Python库函数时用import语句或者from..import..，例如调用turtle库函数，可以使

用以下两种方法。

第一种：Import turtle

turtle.<函数名>()

例如，调用tutle库函数绘制一个半径为100的圆形，可以使用

```
>>> import turtle
>>> turtle.circle(100)
```

第二种：from turtle import * ，即对turtle库中的函数调用直接采用<函数名>()形式，不用使用turtle.为前导。

```
>>> from turtle import circlefrom
>>> circle(100)
```

turtle import circle，如果要导入整个turtle库可以使用from turtle import *。

三、安装与卸载库函数

除了内置的库外，Python还有大量的第三方库，可以在安装后使用，通常使用pipinstall进行安装，调用方法与标准库相同。pip是一个通用的Python包管理工具。提供了对Python包的查找、下载、安装、卸载的功能。

第三方库的安装与卸载

安装一个库的命令格式：pip install <拟安装库名>，注意，一定要确保电脑在联网状态下。例如，安装pygame库，可以使用pip install pygame；还可以通过网站直接下载安装pip install -i <网址>

例如，从清华大学的网站上安装jieba库

pip install -i https://pypi.tuna.tsinghua.edu.cn/simple jieba

安装完成后，可以使用pip list查看系统中安装的库函数及其版本。

如果要卸载库函数，可以使用pip uninstall <拟卸载的库名>，例如，卸载pygame库，可以使用pip uninstall pygame。

具体操作见视频讲解。

四、知识链接：认识turtle库函数

turtle讲解

turtle库包含有100多个功能函数，主要包括窗体函数、画笔状态函数、画笔运动函数三类。

(一)窗体函数

turtle库的turtle.setup()函数与窗体有关,定义如下:

```
turtle.setup(width,height,startx,starty)
```

其中四个参数的意义如图1-27所示。

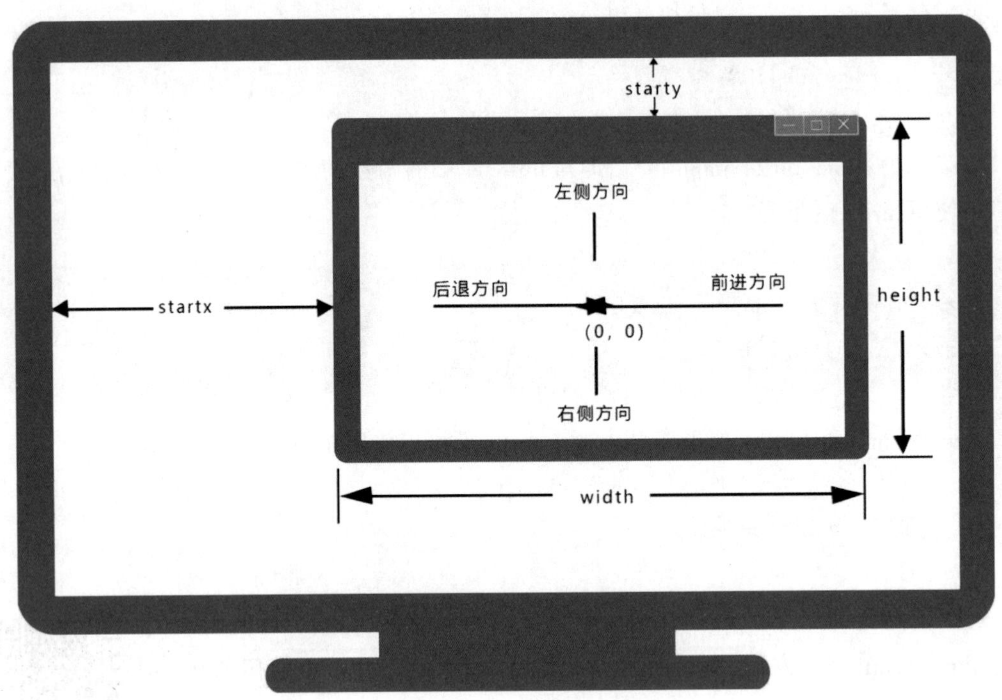

图1-27 窗体函数的参数示意图

(二)画笔状态函数

画笔状态包括提起画笔、放下画笔、画笔形状、画笔颜色等,turtle中常用的画笔状态函数如表1-2所示。

表1-2 画笔状态函数

函数	描述
clear()	清空当前窗口,但不改变画笔当前位置
reset()	清空当前窗口,并重置位置等状态为默认值
color()	设置画笔和填充的颜色
pencolor()	设置画笔的颜色
pensize(width)	设置画笔线条的粗细为指定大小
penup()	提起画笔,与pendown配对使用
pendown()	放下画笔

续表

函数	描述
begin_fill()	填充图形前，调用该方法
end_fill()	填充图形结束
filling()	返回填充的状态，True为填充，False为未填充
showturtle()	显示画笔的turtle形状
hideturtle()	隐藏画笔的turtle形状
screensize()	设置画布窗口的宽度、高度和背景颜色
isvisible()	如果turtle可见，则返回True
write(str,font=None)	输出font字体的字符串str

（三）画笔运动函数

画笔运动包括画笔位置、向前移动、向后移动、左转、右转、绘制弧形等，turtle中常用的画笔运动函数如表1-3所示。

表1-3　画笔运动函数

函数	描述
forward(distance)	沿着当前方向前进指定距离
backward(distance)	沿着当前相反方向后退指定距离
goto(x,y)	移动到绝对目标(x,y)
setx(x)	修改画笔的横坐标到x，纵坐标不变
sety(y)	修改画笔的纵坐标到y，横坐标不变
left(angle)	向左旋转angle角度
right(angle)	向右旋转angle角度
setheading(angle)	设置当前朝向为angle角度
home()	设置当前画笔位置为原点，朝向东
undo()	撤销画笔最后一步动作
circle(radius,e)	绘制一个指定半径r，角度e的圆或弧形
dot(size,color)	绘制一个指定直径size和颜色color的圆点
speed()	设置画笔的绘制速度，参数为0~10

例如：录入向日葵程序并修改。

利用turtle库函数的功能，绘制一朵向日葵，如图1-28所示。

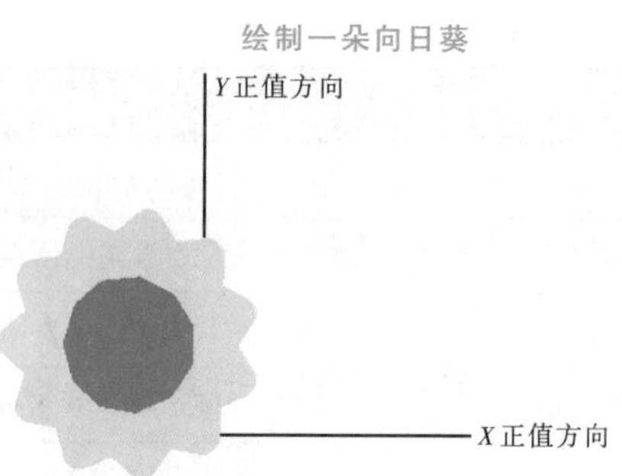

图1-28 太阳花

思路为首先通过绘制直线设置坐标方向，然后让画笔移动到合适的位置，通过移动画笔和偏移量绘制出向日葵图案。

程序1-4 绘制一朵向日葵

```
import turtle
turtle.goto(0,0)
turtle.forward(200)
turtle.write("X正值方向", font=("隶书",14),align="left") #font中设置字体、字号
turtle.penup()
turtle.goto(0,0)
turtle.pendown()
turtle.left(90)
turtle.forward(200)
turtle.write("Y正值方向", font=("隶书",14),align="left") #font 中设置字体、字号
turtle.penup()
turtle.goto(-50,220)
turtle.pencolor('green')
turtle.write("绘制一朵向日葵!",font=("隶书",24),align="left") #font中设置字体、字号
turtle.penup()
turtle.goto(0,0)
turtle.pendown()
turtle.color("yellow", "brown")
turtle.begin_fill()
turtle.pensize(width=17)
for i in range(13):
    turtle.forward(109)
    turtle.left(98)
turtle.end_fill()
turtle.mainloop() #此语句可让窗口一直保持不退出，必须加在程序末尾处
```

任务七　将程序打包为可执行文件

pyinstaller并打包为exe文件

一、知识链接：Pyinsraller功能及使用

Python程序的运行要依赖其开发环境，如果用户只需要运行结果，不需要源程序，可以通过pyinstaller库将程序打包为可执行文件，首先使用pip install pyinstaller安装pyinstaller库。

Python中打包成可执行文件的方法：

(1)把由【.py】文件打包而成的【.exe】文件及相关文件放在一个目录中。

方法为：pyinstaller 应用程序

(2)加上【-F】参数后把制作出的【.exe】打包成一个独立的【.exe】格式的可执行文件。

方法为：pyinstaller -F应用程序

方法2中只需要将打包好的【.exe】文件发给用户即可运行，因此，本书案例采用方法2。**为了方便查找打包后的文件，建议将目录定位到当前工程文件所在的位置，然后运行**pyinstaller -F目标文件，注意要写绝对地址，并加后缀名.py。

例如打包d盘t1工程文件中的bdd.py程序，先将**目录定位到d盘**t1文件夹，然后执行`d:\t1>pyinstaller -F d:\t1\bdd.py`。

运行结果最后出现completed successfully就表示打包成功了，生成的【.exe】文件在d:/t1中的dist文件夹下。

二、知识链接：文件跳转

如果我们要打包的文件在D盘t1文件夹下，为了使生成的dist文件夹与原文件夹在同一个目录下，可以先跳转到t1文件夹下。

文件跳转的方法有：

(1)cd..，返回上级目录；

(2)cd 空格 <目标文件夹>，同一个根目录下文件跳转；

(3)根目录 空格<目标文件夹>。

例如图1-29所示，用cd.. 从D盘t1文件夹跳转到D盘，然后通过cd t1跳转到D盘t1文件夹下，然后通过c: users从D:\t1跳转到c: users用户所在的文件夹。

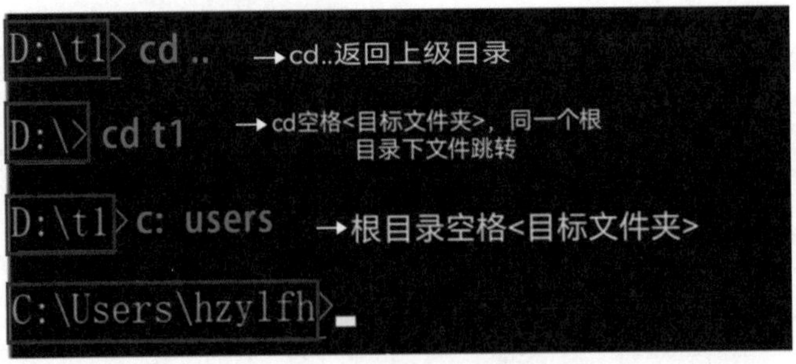

D:\t1>cd .. →cd..返回上级目录

D:\>cd t1 →cd空格<目标文件夹>，同一个根目录下文件跳转

D:\t1>c: users →根目录空格<目标文件夹>

C:\Users\hzylfh>

图 1-29　文件跳转命令示例

任务八　利用turtle库编程绘制个性化的图案

根据冰墩墩程序和太阳花程序，理解turtle工具的使用方法，编写出自己的第一个Python程序，并打包为可执行文件。将优秀作品上传至作业空间进行分享。

程序 1-5　画一朵蒲公英

```
import turtle  # 导入turtle库(模块)
turtle.speed(0)
turtle.delay(0)
turtle.bgcolor("#1e67c5")
turtle.pencolor("#e0f4f5")
# 变量初始化设置
a = 100  # 定义变量a,表示长绒毛的长度
b = 80  # 定义变量b,表示中绒毛的长度
c = 60  # 定义变量c,表示短绒毛的长度
a1 = 8  # 定义变量a1,表示长绒毛顶端圆点的直径
b1 = 7  # 定义变量b1,表示中绒毛顶端圆点的直径
c1 = 6  # 定义变量c1,表示短绒毛顶端圆点的直径
# 画球状绒毛
for i in range(15):  # 循环15次。因为(8+8+8)*15=360
    # 画长绒毛
    turtle.forward(a)  # 海龟前进a像素
    turtle.dot(a1)  # 画直径为a1的圆点
    turtle.backward(a)  # 海龟再后退a像素,回到起点位置
    turtle.left(8)  # 海龟向左旋转8度,准备画中绒毛
```

```
        # 画中绒毛
        turtle.forward(b)
        turtle.dot(b1)  # 画直径为b1的圆点
        turtle.backward(b)
        turtle.left(8)  # 海龟再向左旋转8度,准备画短绒毛
        # 画短绒毛
        turtle.forward(c)
        turtle.dot(c1)  # 画直径为c1的圆点
        turtle.backward(c)
        turtle.left(8)  # 画完短绒毛后,海龟再向左旋转8度,进入循环画其他绒毛
# 画茎(略歪)(用超大半径,较小角度画圆弧,来实现歪茎效果)
turtle.pensize(3)  # 设置画笔的粗细为3,即茎的粗线为3。默认画笔粗线为1
turtle.right(80)  # 画完球状绒毛后,海龟朝向右,所以要让海龟向右旋转80
度后再画茎
turtle.circle(-600, 40)  # 半径为负,画在海龟头部方向的右边
# 海龟绘图结束,隐藏海龟
turtle.hideturtle()
turtle.mainloop()
```

课后练习

一、填空题

1. Python是__________年诞生的，由__________发明。
2. Python安装扩展库常用的是__________工具。
3. Python程序文件扩展名主要有__________和__________两种，其中后者常用于GUI程序。
4. 使用pip工具查看当前已安装的Python扩展库的完整命令是__________。
5. 可以使用py2exe或__________等扩展库把Python源程序打包成为exe文件，从而脱离Python环境在Windows平台上运行。
6. 程序的三种基本结构是__________、__________、__________。
7. __________、__________、__________、__________、__________是程序设计的五个部分。
8. turtle库包含有100多个功能函数，主要包括_________、_________、_________三类。

二、判断题

1. pip命令也支持扩展名为.whl的文件直接安装Python扩展库。 (　　)
2. 只有Python扩展库才需要导入以后才能使用其中的对象，Python标准库不需要导入即可使用其中的所有对象和方法。 (　　)
3. 一般来说，Python扩展库没有通用于Python的所有版本，安装时应选择与已安装Python的版本对应的扩展库。 (　　)
4. 安装Python扩展库时只能使用pip工具在线安装，如果安装不成功就没有别的办法了。 (　　)

三、选择题

1. Python源代码遵循(　　)协议。

   A. GPL(GNU General Public Linense)　　B. TCP

   C. IP　　D. UNP
2. 利用PyCharm运行Python需要先创建(　　)。

   A.文件　　B. 工程　　C. 代码　　D. 文档
3. Python语言的运行环境是(　　)。

   A. PyCharm　　B. Notepad + +

   C. Eclipse　　D. 以上都是
4. Python语言的特点是(　　)。

   A. 编译型高级语言　　B. 跨平台、开源、解释型、面向对象等

   C. 高级语言　　D. 低级语言

四、简答题

1. 简述 Python 语言的发展史。

2. Python 语言有哪些特点？

3. 简述 Python 语言自带集成开发环境(IDLE)有何特点。

项目二　碳排放计算——Python基础知识

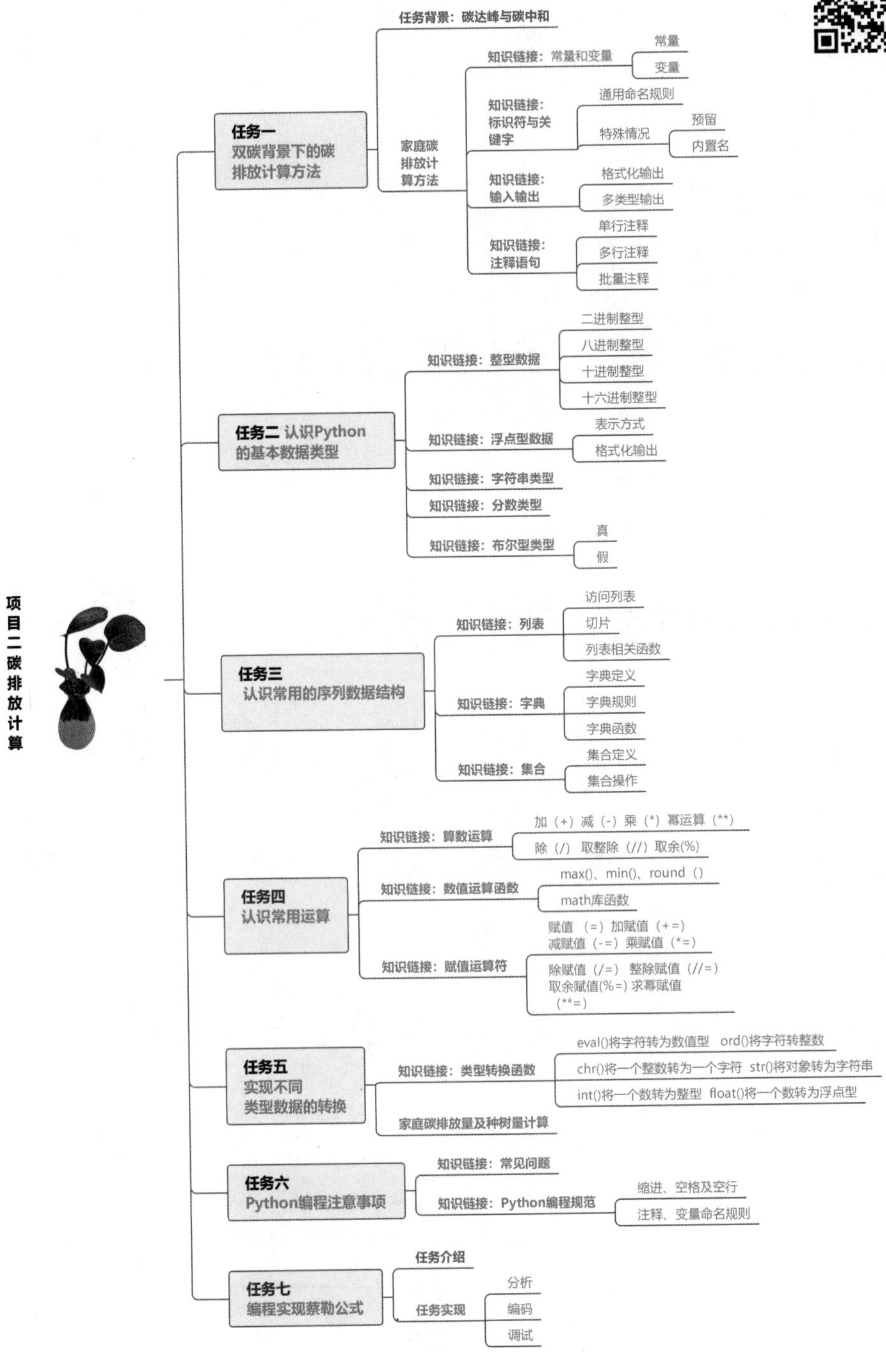

项目二碳排放计算

- 任务一 双碳背景下的碳排放计算方法
  - 任务背景：碳达峰与碳中和
  - 家庭碳排放计算方法
    - 知识链接：常量和变量
      - 常量
      - 变量
    - 知识链接：标识符与关键字
      - 通用命名规则
      - 特殊情况
        - 预留
        - 内置名
    - 知识链接：输入输出
      - 格式化输出
      - 多类型输出
    - 知识链接：注释语句
      - 单行注释
      - 多行注释
      - 批量注释
- 任务二 认识Python的基本数据类型
  - 知识链接：整型数据
    - 二进制整型
    - 八进制整型
    - 十进制整型
    - 十六进制整型
  - 知识链接：浮点型数据
    - 表示方式
    - 格式化输出
  - 知识链接：字符串类型
  - 知识链接：分数类型
  - 知识链接：布尔型类型
    - 真
    - 假
- 任务三 认识常用的序列数据结构
  - 知识链接：列表
    - 访问列表
    - 切片
    - 列表相关函数
  - 知识链接：字典
    - 字典定义
    - 字典规则
    - 字典函数
  - 知识链接：集合
    - 集合定义
    - 集合操作
- 任务四 认识常用运算
  - 知识链接：算数运算
    - 加（+）减（-）乘（*）幂运算（**）
    - 除（/）取整除（//）取余(%)
  - 知识链接：数值运算函数
    - max()、min()、round（）
    - math库函数
  - 知识链接：赋值运算符
    - 赋值（=）加赋值（+=）减赋值（-=）乘赋值（*=）
    - 除赋值（/=）整除赋值（//=）取余赋值(%=) 求幂赋值（**=）
- 任务五 实现不同类型数据的转换
  - 知识链接：类型转换函数
    - eval()将字符转为数值型　ord()将字符转整数
    - chr()将一个整数转为一个字符　str()将对象转为字符串
    - int()将一个数转为整型　float()将一个数转为浮点型
  - 家庭碳排放量及种树量计算
- 任务六 Python编程注意事项
  - 知识链接：常见问题
  - 知识链接：Python编程规范
    - 缩进、空格及空行
    - 注释、变量命名规则
- 任务七 编程实现蔡勒公式
  - 任务介绍
  - 任务实现
    - 分析
    - 编码
    - 调试

任务一　双碳背景下的碳排放计算方法

一、任务背景:碳达峰与碳中和

双碳,即碳达峰与碳中和的简称。2020年9月22日,国家主席习近平在第七十五届联合国大会上宣布,中国将提高国家自主贡献力度,采取更加有力的政策和措施,二氧化碳排放力争于2030年前达到峰值,努力争取2060年前实现碳中和。①“碳达峰”“碳中和”等名词越来越多地出现在大众视野,那么作为一个普通人,是否了解过自己在日常生活中会产生多少碳排放?又能为加速实现“碳中和”目标做些什么呢?让我们一起了解一下吧。

(1)**呼吸**:人体每天通过呼吸释放大约1140g的二氧化碳,按平均寿命75岁计算,人的一生呼吸约产生31200kg二氧化碳。

(2)**生活垃圾**:一个人平均一天可产生1.2~1.5kg垃圾,而当前垃圾处理仍以焚烧为主,燃烧1.2kg垃圾约产生1kg碳排放,那么一个平均寿命75岁的人因生活垃圾可产生大约27000kg碳排放。

(3)**生活用电**:据统计,一个人一生中为手机充电、使用空调、电冰箱、电视机、笔记本电脑等电器合计用电至少10万度。而消耗一度电将产生0.785kg碳排放,那么一个人一生中通过生活用电可产生78500kg碳排放。

以上数据仅为保守估计,如果想具体测算可以使用联合国碳足迹计算器(https://offset.climateneutralnow.org/footprintcalc),在自然光合作用下,大约需要2~3棵树才能够中和1kg碳排放,除了植树,我们仍然可以从每一件生活小事做起,节能减碳。少买几件衣服。随手关灯、空调提高几度、多选择公共交通出行、回收利用废弃物等这些轻易就能做到的小事,都能够有效地降低个人的碳排放。“双碳”目标不仅是中国对全球所作出的庄严承诺,也不仅是单一的能源和气候问题,同时,也是一个经济和社会问题,与我们每一个人息息相关。

二、家庭碳排放计算方法

低碳,是指较低的温室气体(二氧化碳为主)排放。节水、节电、节油、节气,是我们倡导的低碳生活方式。近年来全球变暖已成为人们公认的地球最大危机之一,生活中,一方面要鼓励采取低碳的生活方式,减少碳排放;另一方面是通过一定碳抵消措施,来达到

①习近平在第七十五届联合国大会一般性辩论上的讲话[EB/OL].(2020-9-22)[2022-11-12]. http://www.cppcc.gov.cn/zxww/2020/09/23/ARTI1600819264410115.shtml

平衡。家庭碳排放折叠计算方法如下：

家庭用电中，二氧化碳排放量(kg)等于耗电度数乘以0.785。也就是说，用100度电，等于排放了大约78.5kg二氧化碳。

家用天然气中，二氧化碳排放量(kg)等于天然气使用度数乘以0.19。

家用自来水中，二氧化碳排放量(kg)等于自来水使用度数乘以0.91。

种树就是"碳中和"的一种方式，需种植的树木数(棵)等于二氧化碳排放量(kg)除以18.3。

图2-1是用Python编写的一个简易的碳排放计算器，如图中某家庭用电量为100度，用水20方，用气30方，则碳排放总量为：

100*0.785+20*0.91+30*0.19

需要种(100*0.785+20*0.91+30*0.19)/18.3棵树进行碳中和。

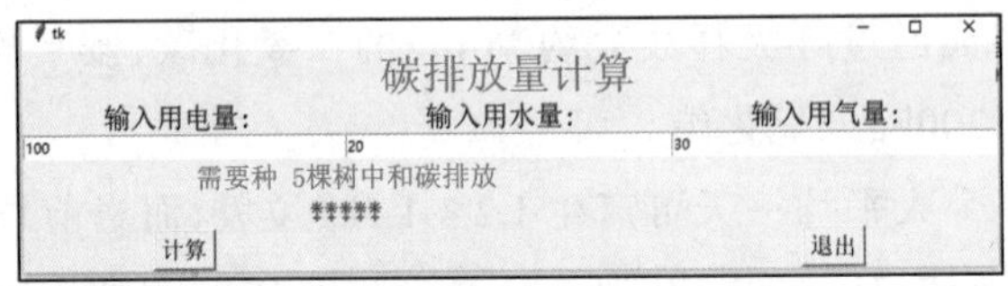

图2-1　碳排放计算器

以上是我们使用数学公式进行计算的结果，但是计算机程序需要将现实世界的问题描述为计算机能够读懂的语言。在Python中描述计算过程的程序如下：

程序2-1　碳排放计算

```
Water=eval(input("请输入用水量:\n"))
  ①        ③
Electricity=eval(input("请输入用电量:\n"))
   ①
Gas=eval(input("请输入用气量:\n"))
①
Carbon=Water*0.19+Electricity*0.785+Gas*0.91     #计算碳排放量
  ①                                                   ④
print("该月共排放二氧化碳%f" %Carbon)
 ②
Tree=int(Carbon/18.3)+1
print("需要种%d棵树中和碳排放" %Tree)
print(int(Tree)*chr(11245))
```

那么程序中的①②③④部分分别代表了什么含义呢?

在Python程序中,Water、Electricity在程序中等代表了**变量**;print表示输出,input表示接收从键盘上的输入值;#表示为**注释语句**。

下面就依次讲解Python程序中相关的基础知识。

(一)知识链接:常量和变量

标识符常量、变量和print基本用法、注释

在程序执行的过程中,其值不发生改变的量称为常量。常量分为直接常量和符号常量。直接常量(字面常量)包括以下几种:

(1)整数常量:6、0、-6;

(2)实型常量:6.8、-5.18;

(3)字符常量:'x'、'y'。

符号常量是指用标识符代表一个常量。需要注意的是,Python没有真正意义上的符号常量,但有的时候需要用到符号常量。一般是在import语句下面用大写字母作为常量名,如NUMBER=100。但这并不意味着这个值不可以被改变。习惯上符号常量的标识符用大写字母,变量标识符用小写字母,以示区别。使用符号常量的好处是能做到"一改全改"。即如果该常量被使用了很多次,也只需在最开始的地方改变其初值即可。

变量的概念基本上和初中代数方程中的变量是一致的,只是在计算机程序中,变量不仅可以是数字,还可以是任意数据类型。值可以改变的量称为变量。一个变量应该有一个名字,在内存中占据一定的存储单元。在Python中,对一个变量赋值之前并不需要对其定义或声明,它会在第一次赋值时自动生成。在使用一个变量之前需要先对其进行赋值。

变量命名规则如下:

(1)变量名必须以字母或下划线开头,后面可以跟任意数量的字母、下划线和数字。变量名中只能有字母、下划线和数字。

(2)区分大小写,如Python和python是不同的。

(3)变量名不能使用保留字。

以下为一些例子:

```
X=8                  #变量x是一个整数
t_008 = ' T008 '     #变量t_008是一个字符串
Answer = True        #变量Answer是一个布尔值True
```

在Python中等号"="是赋值语句,可以把任意数据类型赋值给变量,同一个变量可以反复赋值,而且可以是不同类型的变量,例如:

```
a=135          #把135赋值给变量a,此时a是整数
a='ABC'        #把'ABC'赋值给变量a,此时a变为字符串
```

这种变量本身类型不固定的语言称为动态语言。与之对应的是静态语言。静态语言在定义变量时必须指定变量类型,如果赋值的时候类型不匹配,就会报错。例如,C语言是静态语言,赋值语句如下(//表示注释):

```
Int a=135;     //a是整数类型变量
a="ABC";       //错误,不能把字符串赋给整型变量
```

和静态语言相比,动态语言更灵活,就是这个原因。

下面的例子是将"hi world"这个字符串赋给了变量a,然后再将a打印出来。

```
a='hi world'
print("打印结果为:",a)
```

运行结果如图2-2所示。

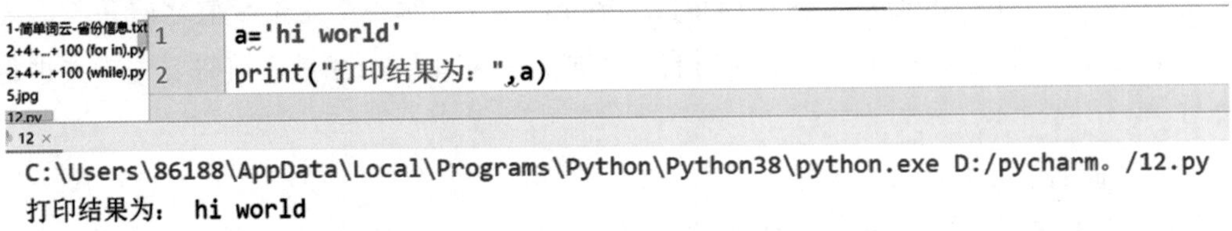

```
a='hi world'
print("打印结果为:",a)
C:\Users\86188\AppData\Local\Programs\Python\Python38\python.exe D:/pycharm。/12.py
打印结果为: hi world
```

图2-2 运行结果

(二)知识链接:标识符与关键字

1. Python标识符

标识符用来表示常量、变量、函数、对象等程序要素的名字。Python标识符的命名规则如下:

(1)标识符由字母、数字和下划线组成,不能以数字开头。

(2)标识符区分大小写字母。

(3)不能使用Python关键字作为标识符。

2. Python关键字

关键字也称保留字,不能把它们用作任何标识符名称。Python的标准库提供了一个keyword模块,可以输出当前版本的所有关键字。示例如下:

```
import keyword
keyword.kwlist
print(['False', 'None', 'True ', 'and'  'as', 'assert', 'break', 'class', 'continue',
'def', 'del', 'elif', 'else', 'except', 'finally', 'for', 'from', 'global', 'if', 'import',
'in', 'is', 'lambda', 'nonlocal', 'not', 'or', 'pass', 'raise', 'return', 'try', 'while',
'with', 'yield'])
```

Python的关键字						
and	continue	except	global	lambda	pass	while
as	def	False	if	None	raise	with
assert	del	finally	import	nonlocal	return	yield
break	elif	for	in	not	True	
class	else	from	is	or	try	

(三)知识链接:输入与输出

1. print介绍

(1)字符串的格式化输出

在Python中内置有字符串的格式化操作,所以print()函数支持格式化输出。在格式化字符串时,Python会插入格式操作符(如%s)到字符串中,为真实的数值预留位置,并说明真实数值需要呈现的格式。例如,"hello%s"使用格式操作符%s为真实的数值占位,由于%s只能给字符串类型的值占位,所以真实的数值必须为字符串类型。

最简单的用法是将一个值插入一个有格式化操作符的字符串中,示例如下:

```
language = "Python"
print("我爱学习,我学%s")
```

运行结果如图2-3所示。

我爱学习，我学Python

图2-3　运行结果

在上述示例print()函数的括号中,“我爱学习,我学%s”是一个带有格式操作符%s的字符串,该字符后面的%表示对字符串进行格式化操作,即把%后面的language作为真实的数值,插入字符串中%s占用的位置。

如果字符串中有多个格式操作符,那么就需要使用元组来插入相应数目的值。示例如下:

程序 2-2　格式化输出举例

```
language = "Python"
time =7
print("我爱学习,我学%s,学了%d天"%(language,time))
```

运行结果如图2-4所示。

我爱学习，我学Python，学了7天

图2-4　运行结果

在上述代码中,print()语句中的"我爱学习,我学%s,学了%d天"是带有两个格式化操作符的字符串。其中,%s作为第一个格式操作符标记了要插入的位置,表示真实的值会被格式化为字符串;%d作为第二个格式操作符同样标记了要插入的位置,表示真实的值会被格式化为整数。元组(language,time)中的language和time元素作为真实的数值,分别会插入字符串中%s和%d占用的位置。

(2)格式化操作的辅助指令

像上面在格式化字符串中使用到字典类型时,需要在%后面插入字典的键。除了这种情况以外,还有一些应用于格式化操作的辅助指令,接下来使用一张如表2-1所示的表格来列举这些辅助指令。

表2-1　辅助指令

辅助符号	作用说明
*	定义宽度或者小数点精度
-	用作左对齐
+	正数前面显示加号
<sp>	正数前面显示空格
#	八进制数前面显示零,十六进制前面显示0x或者0X(取决于用的是x还是X)
0	显示的数字前填充0,而不是默认的空格
%	%%输出一个单一的%
m.n	m显示的是最小总宽度,n是小数点后的位数(如果可用的话)

挑选上述几个比较典型的辅助指令举例,代码如下:

程序 2-3　辅助指令举例

```
a=16
b=8
c=a%b
```

```
print('%d%%%d=%d'%(a,b,c))
print('a的值为%+d'%a)
```

运行结果如图2-5所示。

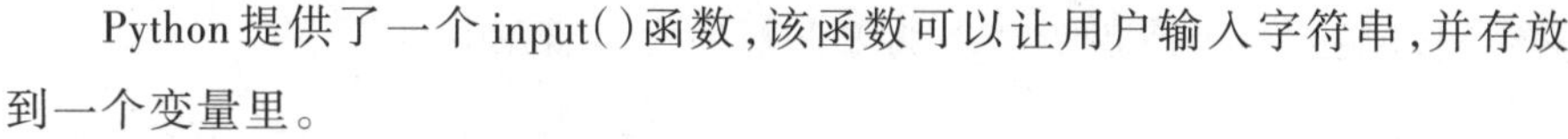

16%8=0
a的值为+16

图2-5　运行结果

2. 认识input

input知识

如果要让用户向计算机输入一些字符该怎么办?

Python提供了一个input()函数,该函数可以让用户输入字符串,并存放到一个变量里。

```
a=input('请输入第一个数:') #a为字符型
b=eval(input('请输入第一个数:')) #b为数值型
```

input只能接收字符型,因此要进行数学运算时,需要用eval()进行转换。如家庭能耗计算中用水、用电、用气量的输出,可以使用如下语句:

```
Water=eval(input("请输入用水量:\n"))
Electricity=eval(input("请输入用电量:\n"))
Gas=eval(input("请输入用气量:\n"))
```

(四)知识链接:注释语句

Python中的注释有多种,如单行注释、多行注释、批量注释,注释可以起到一个备注的作用。团队合作的时候,个人编写的代码经常会被多人调用,为了让别人能更容易理解代码的用途,使用注释是非常有效的。

1. Python单行注释符号(#)

井号(#)常被用作单行注释符号,在代码中使用#时,它右边的任何数据都会被忽略,当做是注释。

例如:程序中的③对计算语句进行了说明。

```
Water=10
①
Electricity=100
①
Gas=30
①
Carbon=Water*0.19+Electricity*0.785+Gas*0.91     #计算碳排放量
①                                                    ③
print("该月共排放二氧化碳%f" %Carbon)
②
```

#号右边的内容在执行的时候是不会被输出的。

2. 批量、多行注释符号

在Python中也会有注释有很多行的时候，这种情况下就需要批量多行注释符了。多行注释是用三引号。例如：输入 ''' '''或者""" """，将要注释的代码插在中间。

```
import turtle
"""
import math as m          此处是多行注释的效果
import random as r
"""

info = "你输入的文字"
turtle.penup()
turtle.fd(-300)
turtle.pencolor('red')#设置画笔颜色为红色
for i in info:
    turtle.write(i, font=('宋体',40,'normal'))
    turtle.fd(60)
turtle.hideturtle()
turtle.done()
```

Windows中IDLE的注释快捷键是Alt+3，取消注释是Alt+4。

Pycharm中，快速注释代码快捷键是Ctrl + /，快速取消注释代码快捷键是Ctrl + /。

选中要注释的语句，按快捷进行批量注释，通常在调试程序的过程中使用。

```
info = "你输入的文字"
# turtle.penup()
# turtle.fd(-300)
# turtle.pencolor('red')#设置画笔颜色为红色
```

任务二　认识Python的基本数据类型

一、知识链接：整型数据

2.2数据类型

打开计算器（右键单击Windows图标，在搜索中找到计算器，调整为程序员模式），认识整型中的不同进制。如图2-6所示。

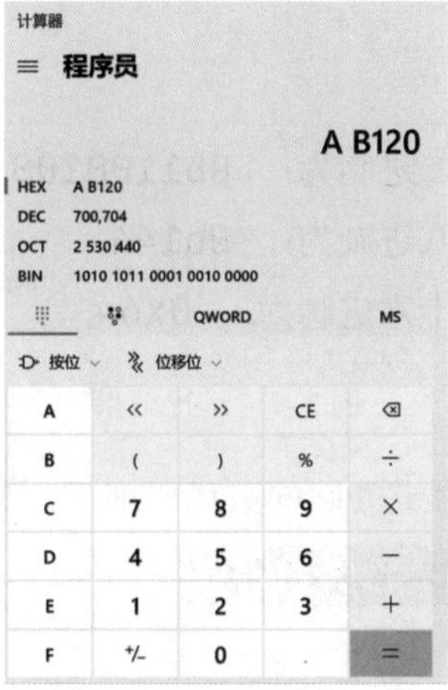

图2-6　程序员模式计算器

整数类型，英文为integer，简写为int，可以表示正数、负数和零。整数的不同进制表示方式如下：

（1）十进制→默认的进制；

（2）二进制→以0b开头；

（3）八进制→以0o开头；

（4）十六进制→以0x开头。

如表2-2所示：

表2-2 整数的不同进制表示方式

进制	基本数	逢几进一	表示形式
十进制	0，1，2，3，4，5，6，7，8，9	10	118
二进制	0，1	2	0b1110110
八进制	0，1，2，3，4，5，6，7	8	0o166
十六进制	0，1，2，3，4，5，6，7，8，9 A，B，C，D，E	16	0x76

Python提供了内置函数hex(a)、oct(a)、bin(a),可以将一个十进制数a分别转换成十六进制、八进制及二进制的字符串,如下:

程序2-4　不同进制的输出

```
a = 100#该数为十进制数
print("它的二进制为:",bin(a))
print("它的八进制为:",oct(a))
print("它的十六进制为:",hex(a))
```

运行结果如图2-7所示。

```
它的二进制为:  0b1100100
它的八进制为:  0o144
它的十六进制为:  0x64
```

图2-7　运行结果

将字符串按不同进制转换为十进制的数代码如下。

程序2-5　不同进制转换为十进制的数

```
string='100'
print(int(string,2))#将string转化为二进制
print(int(string,8))#将string转化为八进制
print(int(string,10))#将string转化为十进制
print(int(string,16))#将string转化为十六进制
```

运行结果如图2-8所示。

```
4
64
100
256

进程已结束,退出代码0
```

图2-8　运行结果

程序 2-6　不同进制转换

```
string="1010"
print("生活",int(string,8))
string="208"
print("未来",int(string,16))
string="2442"
print("希望美好生活伴随着我的",int(string,8))
string="522"
print("希望美好未来伴随着我的",int(string,16))
string="3745"
print('愿',int(string,8),'年心想事成!!! ')
```

运行结果如图 2-9 所示。

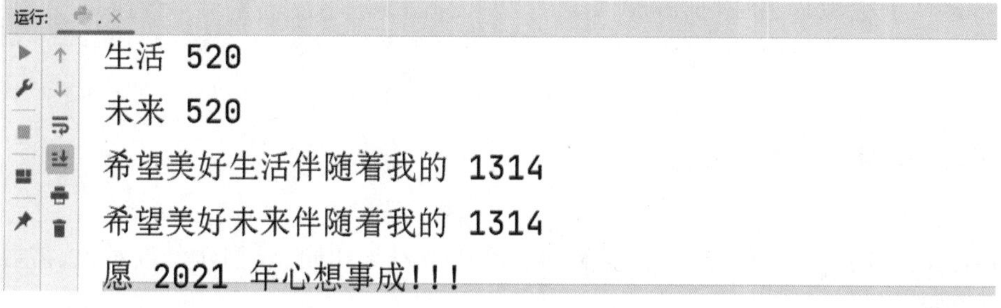

图 2-9　运行结果

二、知识链接:浮点型数据

浮点数即带有小数部分的数字。

在 Python 里,浮点数分为两类,一种是普通的由数字和小数点组成的,如 1.0、2.3 等。另一种就是由科学计数法表示的。由数字、小数点以及科学计数标志 e 或 E 组成,如:2.1e10 表示 2.1×10^{10} 。

使用浮点数进行计算时,可能会出现小数位数不确定的情况,例如:

```
print(1.1+2.2)#3.30000000000003
print(1.1+2.1)#3.2
```

解决方案:导入模块decimal。

```
from decimal import Decimal
print(Decimal("1.1")+Decimal("2.2"))#3.3
```

三、知识链接:字符串类型

字符串又被称为不可变的字符序列,可以使用单引号、双引号或三引号来定义,单引号和双引号定义的字符串必须在一行,三引号定义的字符串可以分布在连续的多行。

```
Star1='我爱编程,我用python'
Star2="我爱编程,我用python"
Star3="""我爱编程,我用python"""
Star4='''我爱编程,我用python'''
```

四、知识链接:分数类型

Python 3.0引入了分数这一数据类型。和小数对象相同,要创建分数对象,需要引入一个模块Fraction,如:

程序2-7　分数举例

```
from fractions import Fraction
x=Fraction(4,6)
y=Fraction(9,7)
print("x=",x)
print("y=",y)
```

运行结果如图2-10所示。

```
x= 2/3
y= 9/7

Process finished with exit code 0
```

图2-10　运行结果

五、知识链接:布尔型类型

在Python中,有一种特殊的数据类型叫布尔型(bool),该类型只有两种取值:True和False,分别代表真和假。实际上,可以把True和False看成Python内置的变量名,值分别为1和0。因为实际上True的值就是1,而False则为0,如图2-11所示:

程序2-8　布尔型举例

```
x=True
y=False
print("True+2:",x+2)
print("Flase+2:",y+2)
```

```
1-简单词云-省份信息.txt
2+4+...+100 (for in).py
2+4+...+100 (while).py
5.jpg
12.py
12h登录.py
20.png
20111105身份证合并代
12 ×
```

```
x=True
y=False
print("True+2:",x+2)
print("Flase+2:",y+2)
```

```
C:\Users\86188\AppData\Local\Programs\Python\Python38\python.exe D:/pycharm。/12.py
True+2: 3
Flase+2: 2
```

图2-11　布尔型的值

列表知识

任务三　认识常用的序列数据结构

一、知识链接:列表

列表是由一系列元素组成的序列。列表是Python中最通用的复合数据类型。可以由多个数字、字母甚至可以包含列表(即嵌套)的元素组成。列表用[ ]标识,并用逗号来分隔其中的元素,是Python最通用的复合数据类型。

(一)访问列表

列表中的每个元素相当于一个个变量。程序既可使用它的值,也可对元素赋予新值。

列表可当作以零为基点的数组使用。可以访问整个列表,也可通过索引来访问其中的元素,索引都是从0开始。第1个元素的索引为0,第2个元素的索引为1,以此类推,采用正向索引时，长度为n的列表起始元素索引为0，最后一个元素索引为$n-1$。

列表还支持使用负数索引，倒数第1个元素的索引为-1，倒数第2个元素的索引为-2，以此类推。采用负向索引时，长度为n的列表起始元素索引为$-n$，最后一个元素索引为-1。如图2-12所示。

正序输出	0	1	2	3	4	5
	car	bus	bicycle	motocar	plane	steamship
倒序输出	-6	-5	-4	-3	-2	-1

图2-12　列表

程序2-9　列表定义及输出

```
vehicles=['car','bus','bicycle','motocar','plane','steamship']
print(vehicles[0],vehicles[2],vehicles[4])
print(vehicles[-6],vehicles[-5],vehicles[-2])
```

运行结果如图2-13所示。

```
vehicles=['car','bus','bicycle','motocar','plane','steamship']
print(vehicles[0],vehicles[2],vehicles[4])
print(vehicles[-6],vehicles[-5],vehicles[-2])
```

```
C:\Users\86188\AppData\Local\Programs\Python\Python38\python.exe D:/pycharm。/kk.py
car bicycle plane
car bus plane
```

图2-13　运行结果

程序2-10　访问列表中的值

```
#定义列表
vehicles=['car','bus','bicycle','motocar','plane','steamship']
print(vehicles)#访问列表，原样输出
print(vehicles[0],vehicles[1],vehicles[2],vehicles[3],vehicles[4],vehicles[5])
#顺序输出列表
print(vehicles[-1],vehicles[-2],vehicles[-3],vehicles[-4],vehicles[-5],vehicles[-6])
#反转输出列表
```

运行结果如图2-14所示。

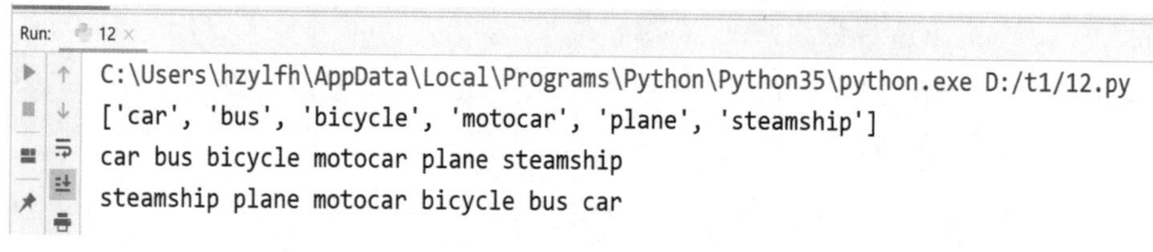

图2-14　运行结果

(二)切片

访问列表中的一部分,Python称之为切片。要访问切片,即列表的任何子集,可以指定要使用列表的第一个元素(起始位置)和最后一个元素的索引(终止位置),但有时起始位和终止位置可以省略。

列表名[起始位置:终止位置:步长:1]

例如,对列表vehicles=['car','bus','bicycle','motocar','plane','steamship']

从0:4进行切片,可以写成vehicles[0:4:1],切片的结果是取到'car','bus','bicycle','motocar'。

	[0:4:1]['car ', 'bus ', 'bicycle ', 'motocar ']					切片
正序输出	0	1	2	3	4	5
	car	bus	bicycle	motocar	plane	steamship

对vehicles= ['car','bus','bicycle','motocar','plane','steamship']

从-2:-6,隔一个取一个进行切片,可以写成vehicles[-2:-6:-2],取到 'plane '和 'bicycle '。

	[0:4:1]['car ', 'bus ', 'bicycle ', 'motocar ']					
正序输出	0	1	2	3	4	5
	car	bus	bicycle	motocar	plane	steamship
倒序输出	-6	-5	-4	-3	-2	-1
	[-2:-6:-2]['plane', 'bicycle ']					切片

程序2-11　列表的切片操作

```
vehicles=['car ', 'bus ', 'bicycle ', 'motocar ', 'plane ', 'steamship '] #定义列表
print(vehicles[:2]) #打印列表的一个切片,其中只包含两个元素,即列表第1个和第2个元素,对应的索引为#0.1
print(vehicles[2:]) #打印列表的一个切片,其中包含索引从2开始,一直到列表的最后一个元素
```

```
print(vehicles[2:4]) #打印列表的一个切片,其中包含索引从2开始,一直到列表的第3个元素,不包括索引为#4的列表元素
print(vehicles[1:5]) #打印列表的一个切片,其中包含索引从1开始,一直到列表的第4 个元素,不包括索引为#5的列表元素
print(vehicles[:]) #打印列表的一个切片,其中包含索引从0开始,一直到列表的最后一个元素
```

运行结果如图2-15所示。

```
Run: 12
C:\Users\hzylfh\AppData\Local\Programs\Python\Python35\python.exe D:/t1/12.py
['car', 'bus']
['bicycle', 'motocar', 'plane', 'steamship']
['bicycle', 'motocar']
['bus', 'bicycle', 'motocar', 'plane']
['car', 'bus', 'bicycle', 'motocar', 'plane', 'steamship']

Process finished with exit code 0
```

图2-15 运行结果

程序2-12 用列表生成字母验证码

```
import random
random.random()
item =['A', 'B', 'C', 'D', 'E', 'F','T', 'H', 'I', 'G', 'K', 'L','M', 'N', 'O',
 'P', 'Q', 'R','S', 'T', 'U', 'V', 'W','X', 'Y', 'Z']
print(item)
random.shuffle(item)#将字符随机重组
print(item)
a=random.randint(0,25)
b=random.randint(0,25)
c=random.randint(0,25)
print (item[a],item[b],item[c])
```

运行结果如图2-16所示。

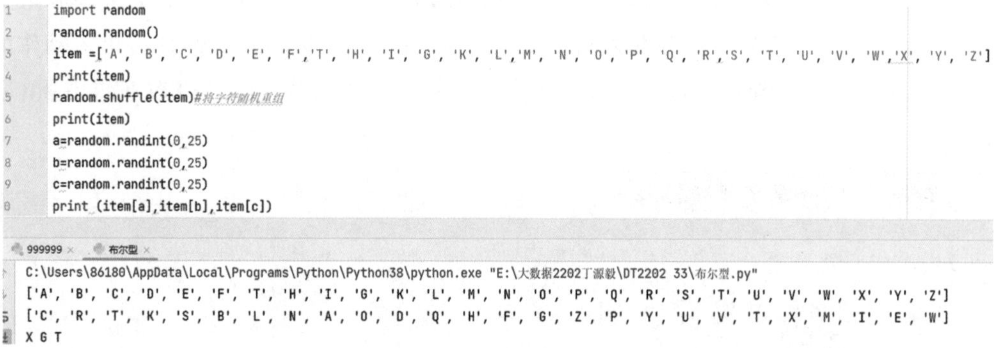

```
import random
random.random()
item =['A', 'B', 'C', 'D', 'E', 'F','T', 'H', 'I', 'G', 'K', 'L','M', 'N', 'O', 'P', 'Q', 'R','S', 'T', 'U', 'V', 'W','X', 'Y', 'Z']
print(item)
random.shuffle(item)#将字符随机重组
print(item)
a=random.randint(0,25)
b=random.randint(0,25)
c=random.randint(0,25)
print (item[a],item[b],item[c])
```

```
999999 ×  布尔型 ×
C:\Users\86180\AppData\Local\Programs\Python\Python38\python.exe "E:\大数据2202丁源毅\DT2202 33\布尔型.py"
['A', 'B', 'C', 'D', 'E', 'F', 'T', 'H', 'I', 'G', 'K', 'L', 'M', 'N', 'O', 'P', 'Q', 'R', 'S', 'T', 'U', 'V', 'W', 'X', 'Y', 'Z']
['C', 'R', 'T', 'K', 'S', 'B', 'L', 'N', 'A', 'O', 'D', 'Q', 'H', 'F', 'G', 'Z', 'P', 'Y', 'U', 'V', 'T', 'X', 'M', 'I', 'E', 'W']
X G T
```

图2-16　运行结果

(三)列表相关函数

列表中的常见操作有向列表中增加值、修改值、删除、统计等，具体功能如表2-3所示：

表2-3　列表相关函数

序号	分类	关键词/函数/方法	说明
1	增加	列表.insert(索引，数据)	在指定位置插入数据
		列表.append(数据)	在末尾追加数据
		列表.extend(列表2)	将列表2的数据追加到列表
2	修改	列表[索引] = 数据	修改指定索引的数据
3	删除	Del列表[索引]	删除指定索引的数据
		Del 列表	删除整个列表，列表删除后无法访问
		列表.remove[数据]	删除第一个出现的指定数据
		列表.pop	删除末尾数据
		列表.pop(索引)	删除指定索引数据
		列表.clear	清空列表
		Print(列表.pop())	有返回值
		Print(列表.remove())	无返回值
4	统计	Len(列表)	列表长度
		列表.count(数据)	数据所在列表中出现的次数
		max.(list)	返回列表元素最大值
		min.(list)	返回列表元素最小值
5	排序	列表.sort()	升序排序
		列表.sort(reverse=True)	降序排序
		列表.reverse()	逆序、反转

以跳水比赛成绩计算为例，讲解列表函数的应用。

跳水比赛所采用的裁判有7名以及5名两种方式，奥运会等重要的赛事则必须采用7

名，满分10分。

本案例以5名裁判员评分为例，规则为5名裁判员打出分数以后，先删去最高和最低的无效分，余下3名裁判员的分数之和乘以运动员所跳动作的难度系数，便得出该动作的实得分。例如5名裁判员的评分分别是5、(5.5)、5、5、(4.5)=15(总和)*2.0(难度)=30(实得分)。

程序2-13　跳水成绩计算

```
import random
scores = [9.8,8.7,9.35,9.78,8.98]
scores.sort()
print("去掉一个最低分:", scores[0])
scores.pop(0)
print("去掉一个最高分:", scores[-1])
scores.pop()
d = float(input("输入跳水难度系数:"))
print("跳水最终得分:", round(sum(scores)*d, 1))
```

运行结果如图2-17所示。

```
import random
scores = [9.8,8.7,9.35,9.78,8.98]
scores.sort()
print("去掉一个最低分:", scores[0])
scores.pop(0)
print("去掉一个最高分:", scores[-1])
scores.pop()
d = float(input("输入跳水难度系数:"))
print("跳水最终得分:", round(sum(scores)*d, 1))
```

```
C:\Users\86188\AppData\Local\Programs\Python\Python38\python.exe D:/pycharm。/12.py
去掉一个最低分: 8.7
去掉一个最高分: 9.8
输入跳水难度系数:4
跳水最终得分: 112.4
```

图2-17　运行结果

二、知识链接：字典

字典知识

在Python中，字典(dict)是内置的数据结构之一，以键值对的方式存储数据。规则如下：

(1)字典中的键值对放在一对花括号{}中；

(2)键和值之间用冒号分隔；

(3)而键值对之间用逗号分隔。

举例：

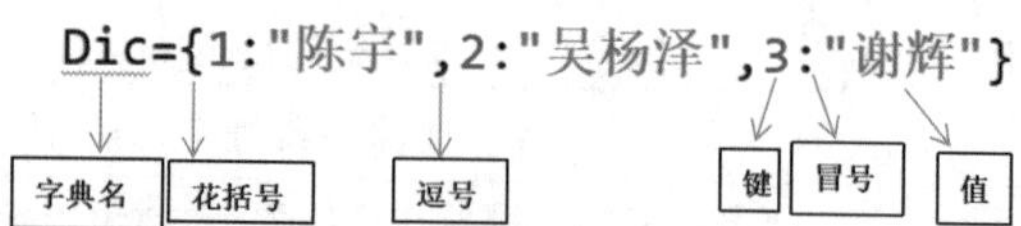

特点：

(1)键不允许重复，而值是可以重复的。

(2)可以通过键获取值，但不能通过值获取键。

程序 2-14　字典定义及访问

```
#定义字典
dicts = {'car':1 , 'bus':2, 'bicycle':3, 'motocar':4,'plane':5,'steamship':6}
print(dicts[ 'car'])#输出字典dicts中 'car'的值
print(dicts[ 'bicycle'])#输出字典dicts中 'bicycle'的值
print(dicts[ 'bus'])#输出字典第二个键值
```

运行结果如图2-18所示。

```
#定义字典
dicts = {'car':1 , 'bus':2, 'bicycle':3, 'motocar':4,'plane':5,'steamship':6}
print("字典dicts中'car'的值是:",dicts[ 'car'])#输出字典dicts中'car'的值
print("字典dicts中'bicycle'的值是:",dicts[ 'bicycle'])#输出字典dicts中'bicycle'的值
print("字典dicts第二个键值是:",dicts[ 'bus'])#输出字典dicts第二个键值
```

```
C:\Users\86188\AppData\Local\Programs\Python\Python38\python.exe D:/pycharm。/12.py
字典dicts中'car'的值是: 1
字典dicts中'bicycle'的值是: 3
字典dicts第二个键值是: 2
```

图2-18　运行结果

字典的内置函数和方法见表2-4。

表2-4　字典的内置函数和方法

方法	说明
dictname.keys()	将一个字典所有的键生成列表并返回
dictname.values()	以列表返回字典中的所有值
dictname.items()	以列表返回可遍历的(键,值)元组数组

续表

方法	说明
dictname.get(value,default=None)	返回指定键的值，如果值不在字典中返回default值
key in dictname	如果键在字典dict里返回true，否则返回false
dictname.copy()	以字典类型返回某个字典的浅复制
dictname.setdefault(value, default=None)	和dictname.get()类似，不同点是，如果键不存在于字典中，将会添加键并将值设为default对应的值
dictname.clear()	删除字典所有元素，清空字典
dictname.pop(key[,default])	弹出字典给定键所对应的值，返回值为被删除的值。键值必须给出。否则，返回default值
dictname.popitem()	弹出字典中的一对键和值(一般删除末尾对)，并删除
dictname.fromkeys(sep[, value])	创建一个新字典，以序列中的元素做字典的键，值为字典所有键对应的初始值
dictname.update(dictname2)	把字典dictname2的键/值对更新到dictname里

程序2-15　随机选人

```
import random
random.random
Dic={1:"陈宇",2:"吴杨泽",3:"谢辉",4:"蔡泽艺",5:"陈潇",6:"周鑫",7:"柯羽",8:"凯乐",9:"朱浩",10:"吴钎"}
print("键:",Dic.keys())#显示字典的键
print("值:",Dic.values())
print("键值对:",Dic.items())
print("随机选到了:",Dic.get(random.randint(1,10)))#get(a)可以获取到字典中键为a对应的值,实现随机选人
```

运行结果如图2-19所示。

```
键:  dict_keys([1, 2, 3, 4, 5, 6, 7, 8, 9, 10])
值:  dict_values(['陈宇', '吴杨泽', '谢辉', '蔡泽艺', '陈潇', '周鑫', '柯羽', '凯乐', '朱浩', '吴钎'])
键值对:  dict_items([(1, '陈宇'), (2, '吴杨泽'), (3, '谢辉'), (4, '蔡泽艺'), (5, '陈潇'), (6, '周鑫'), (7, '柯羽'), (8, '凯乐
随机选到了:  吴杨泽

Process finished with exit code 0
```

TODO　Terminal　Python Console　Event Log

图2-19　运行结果

程序 2-16 字典函数举例

```
prices={'ACME':45.23, 'AAPL':612.78,'IBM':205.55}
min_prices=min(zip(prices.values(),prices.keys()))
print(sum(prices.values()))#增加了求和计算
```

运行结果如图 2-20 所示。

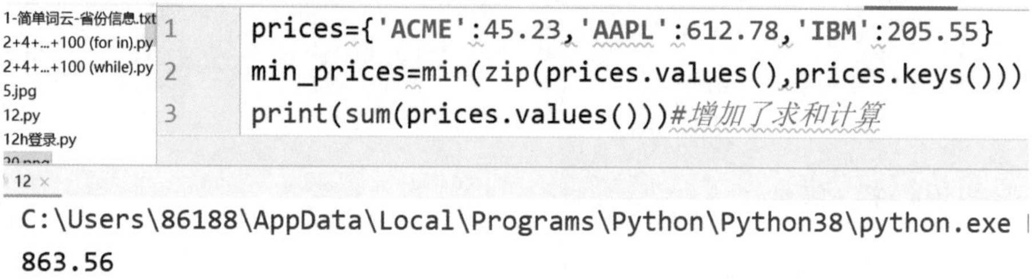

1-简单词云-省份信息.txt
2+4+...+100 (for in).py
2+4+...+100 (while).py
5.jpg
12.py
12h登录.py

```
prices={'ACME':45.23,'AAPL':612.78,'IBM':205.55}
min_prices=min(zip(prices.values(),prices.keys()))
print(sum(prices.values()))#增加了求和计算
```

12 ×

```
C:\Users\86188\AppData\Local\Programs\Python\Python38\python.exe
863.56
```

图 2-20 运行结果

下面用字典来实现身份证号码前两位与出生地省份、省会(首府)及简称的对应程序,可以通过列表间的组合,生成身份证号码前两位分别与出生地省份、省会(首府)及简称构建三个字典,再通过 get()方法获得对应的值。

程序 2-17 身份证号码前两位与出生地省份、省会(首府)及简称的对应

```
aList = [11, 12, 13, 14, 15, 21, 22, 23, 31, 32, 33, 34, 35, 36, 37,
         41, 42, 43, 44, 45, 46, 50, 51, 52, 53, 54, 61, 62, 63, 64, 65, 71,
81, 91]
bList = ["北京市", "天津市", "河北省", "山西省", "内蒙古自治区", "辽宁省",
         "吉林省","黑龙江省", "上海市", "江苏省", "浙江省", "安徽省", "福建
         省", "江西省","山东省", "河南省", "湖北省", "湖南省", "广东省", "广
         西壮族自治区", "海南省","重庆市", "四川省", "贵州省", "云南省",
         "西藏自治区", "陕西省", "甘肃省","青海省", "宁夏回族自治区", "新
         疆维吾尔自治区", "台湾省", "香港特别行政区", "澳门特别行政区"]
cList = ["北京", "天津", "石家庄", "太原", "呼和浩特", "沈阳", "长春", "哈
         尔滨","上海", "南京", "杭州", "合肥", "福州", "南昌", "济南", "郑州",
         "武汉","长沙", "广州", "南宁", "海口", "重庆", "成都", "贵阳", "昆明",
         "拉萨","西安", "兰州", "西宁", "银川", "乌鲁木齐", "台北", "香港", "澳
         门"]
dList = ["京", "津", "冀", "晋", "内蒙古", "辽", "吉", "黑", "沪", "苏", "浙",
```

```
        "皖", "闽", "赣", "鲁", "豫", "鄂", "湘", "粤", "桂", "琼", "渝",
        "川", "黔", "滇", "藏", "陕", "甘", "青", "宁", "新", "台", "港", "澳"]
bDict = dict(zip(aList, bList))#由列表构成字典
cDict = dict(zip(aList, cList))
dDict = dict(zip(aList, dList))
id_num = int(input("请输入您的身份证号码前两位:"))
print(bDict.get(id_num), "简称:", dDict.get(id_num),"省会:", cDict.get(id_num),
end=' ')
```

三、知识链接:集合

(一)集合的定义

集合是一种复合数据类型,集合中的每个元素是唯一的。集合元素的内容是不可变的,但集合本身是可变的,可以增加或删除集合的元素,但不可对元素进行修改。集合中的元素可以有整型、浮点型、字符串、元组等,集合的特色是元素是唯一的,如果集合中出现重复元素,在运行结果中会被自动过滤。

在Python,集合用{}或set()函数定义,set()函数参数的内容可以是字符串(string)、列表(list)、元组(tuple)等。

程序2-18　集合的定义

```
lgs1={"python","c","java"}
print("打印lgs1结果为:",lgs1)
lgs2={"python","c","java","python","c"}
print("打印lgs1结果为:",lgs2)
```

运行结果为:

```
打印lgs1结果为:  {'c', 'python', 'java'}
打印lgs1结果为:  {'c', 'python', 'java'}
```

还可以用set()将列表转换为集合。

程序2-19　列表转集合

```
col=['blue', 'green', 'red,', 'orange']
set1=set(col)#将列表转为集合
```

```
print("打印col的结果为:",set1)
```

运行结果为：

```
打印col的结果为： {'orange', 'red,', 'green', 'blue'}
```

任务四　认识常用运算

算术运算和数学函数

一、知识链接：算术运算

Python中常见的算数运算有加、减、乘、除、求余、取整、幂运算等。如表2-6所示：

表2-6　Python中常见的算数运算

运算符	说明	表达式	结果
+	加：把数据相加	7+21	28
-	减：把数据相减	21-7	14
*	乘：把数据相乘	6*8	48
/	除：把数据相除	36/4	9
%	取模：除法运算求余数	21%2	1
**	幂：返回x的y次幂	4**3	64
//	取整除：返回商整数部分	21//2	10

程序2-26　算术运算实现加、减、乘、除等计算

```
a=8
b=7
c=-6
d=-3
print(a,"+",b,"=",a+b)          #输出两个数的和
print(a,"-",b,"=",a-b)          #输出两个数的差
print(a,"*",b,"=",a* b)         #输出两个数的积
print(a,"/",b,"=",a/b)          #输出两个数的商
print(a,"%",b,"=",a%b)          #输出两个数的余数
print(a,"**",b,"-",a**b)        #输出a的b次幂
print(a,"//",b,"=",a//b)        #输出两个正数a除以b的整除
```

```
print(c,"//",d,"=",c//d)         #输出两个负数的整除
print(c,"//",b,"=",c//b)         #输出一个正数和一个负数的整除
```

运行程序,输出结果如图2-22所示。

```
C:\Users\86188\AppData\Local\Programs\Python\Python38\python.exe D:/pycharm。/U.py
8 + 7 = 15
8 - 7 = 1
8 * 7 = 56
8 / 7 = 1.1428571428571428
8 % 7 = 0
8 ** 7 - 2097152
8 // 7 = 1
-6 // -3 = 2
-6 // 7 = -1

Process finished with exit code 0
```

图2-22　运行结果

二、知识链接:数值运算函数

除了基本的算数运算,Python以函数形式提供了一些数值运算,例如四舍五入函数、最大值、最小值等。见表2-7所示。

表2-7　Python以函数形式提供了一些数值运算

函数及使用	描述	举例
round(x[d])	四舍五入,d是保留小数位数,默认值为0	round((-10.123,2)结果为-10.12
max(x1,x2,…,xn)	最大值,返回x1x2,…xn中的最大值,n不限max(x1,x2,…,xn),	max(1.9543)结果为9
min(x1,x2,…,xn)	最小值,返回x1,x2…xn中的最小值,n不限	min(1,9,5,4 3)结果为1

其他运算可以使用math函数,常用的函数见表2-8、表2-9所示。

表2-8　数学函数运算

数学函数	说明	表达式	结果
exp(x)	返回e的x的幂	exp(3)	e^3
fabs(x)	返回x的绝对值	fabs(-8)	8
factorial(x)	返回x的阶乘	factorial(3)	6
log(x)	返回以e为底的自然对数	log(e^3)	3
log(x,y)	返回以y为底的x的对数	log(64,4)	3
log10(x)	返回以10为底的x的对数	log10(100)	2

续表

数学函数	说明	表达式	结果
pow(x,y)	返回x的y次方	pow(4,3)	64
sqrt(x)	返回x的平方根	sqrt(4)	2

表2-9　三角函数运算

三角函数	说明	表达式	结果
cos(x)	返回x弧度的余弦值	cos(π/2)	0
radians(x)	将角x从角度转换成弧度	radians(60°)	π/3
degrees(x)	将角x从弧度转换成角度	degrees(π/3)	60°
sin(x)	返回x弧度的正弦值	sin(π/2)	1
tan(x)	返回x弧度的正切值	tan(π/4)	1

在使用math库前，要用import导入该math库，调用时用math.函数名(参数)。

例如：

Python **math.sin(x)**返回x弧度的正弦值。

要获取指定角度的正弦，必须首先使用math.radians()方法将其转换为弧度。

程序2-27　math库函数

```
import math
print("math.sqrt(36)",math.sqrt(36))#开算数平方根运算
print("math.pow(3,2):",math.pow(3,2))#幂运算
print("math.fabs(-52):",math.fabs(-52))#绝对值运算
print("math.pi:",math.pi)
print("math.e:",math.e)
print("math.sin(0.5*math.pi:",math.sin(0.5*math.pi))
print("math.sin(90):",math.sin(90))#返回角度90对应弧度的正弦值
print("math.sin(math.radians(30)):",math.sin(math.radians(30)))# 角度30先转换为弧度再计算正弦值
print("math.sin(math.radians(90)):",math.sin(math.radians(90)))# 角度 90 先转换为弧度再计算正弦值
```

运行结果如图2-23所示。

```
math.sqrt(36): 6.0
math.pow(3,2): 9.0
math.fabs(-52): 52.0
math.pi: 3.141592653589793
math.e: 2.718281828459045
math.sin(0.5*math.pi: 1.0
math.sin(90): 0.8939966636005579
math.sin(math.radians(30)): 0.49999999999999994
math.sin(math.radians(90)): 1.0
```

图2-23　运行结果

三、知识链接:赋值运算符

赋值运算的功能是:将一个表达式或对象赋给一个左值,其中左值必须是一个可修改的值,不能为一个常量。“=”是基本的赋值运算符,此外“=”可与算术运算符组合成复合赋值运算符。Python中的复合赋值运算符有:+=、-=、*=、/=、//=、**=,它们的功能相似,例如“a+=b”等价于“a=a+b”,“a-=b”等价于“a=a-b”,诸如此类。

Python中各个赋值运算符的功能及示例如表2-10所示。

表2-10　赋值运算符的功能

赋值运算符	说明
=	赋值,示例1:x=5,示例2:x=y=z=10,示例3:x,y,z=10,20,30
+=	加赋值,示例:a+=b等价于a=a+b
-=	减赋值,示例:a-=b等价于a=a-b
*=	乘赋值,示例:a*=b等价于a=a*b
/=	除赋值,示例:a/=b等价于a=a/b
//=	整除赋值,示例:a//=b等价于a=a//b
%=	求余赋值,示例:a%=b等价于a=a%b
**=	求幂赋值,示例:a**=b等价于a=a**b

任务五　实现不同类型数据的转换

数据类型转换

一、知识链接:类型转换函数

类型转换是一种采用一种类型的数据对象并创建多种类型的等效数据对象的操作。如表2-11所示。

表 2-11　类型转换

函数名	功能描述	举例
int(x)	将x转换为一个整数	int(3.14)
float(x)	将x转换为浮点型	float(3)
eval(x)	将字符转换为数值	eval("100")结果为100
str(x)	将对象x转换为字符串	str(100)结果为‘100’
字符串[x,y]	字符截取	str[6:10]表示取字符串str中的第7-11位
chr( )	将一个整数转换为一个字符	chr(65)　结果为A
ord( )	将一个字符转换为它的整数值	ord(‘a’)　结果为97

程序 2-28　由两位数字和两位字符组成的验证码

```
import random
random.random()
a=random.randint(48,57)
a=chr(a)
b=random.randint(65,90)
b=chr(b)
c=random.randint(97,122)
c=chr(c)
s=a+b+c
print(s)
```

Python中还可以显示一些特殊符号，它们的ASC值与图案对应见表2-12。

表 2-12　ASC值与图案对应

ASC值	图案	ASC值	图案	ASC值	图案	ASC值	图案
9917	⚽	9951	⛟	10054	❆	9833	♩
9918	⚾	9855	♿	10032	☆	9824	♠
9992	✈	10052	❄	9924	⛄	9827	♣
9973	⛵	10048	❀	9927	⛇	9829	♥
9972	⛴	10047	✿	9836	♬	9830	♦

程序 2-29　输出特殊图案

```
print(10*chr(9924))
print(16*chr(11245))
print(10*chr(9924))
```

运行结果如图2-24所示。

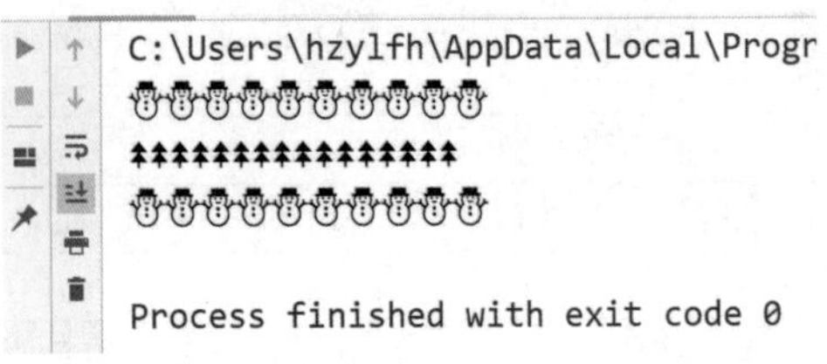

图2-24　运行结果

二、家庭碳排放量及种树量计算

通过前面的知识学习,可以编写出任意家庭的碳排放计算程序,并计算出中和这些碳需要种多少棵树。

程序2-30　碳排放计算

```
Water=eval(input("请输入用水量:\n"))
Electricity=eval(input("请输入用电量:\n"))
Gas=eval(input("请输入用气量:\n"))
Carbon=Water*0.19+Electricity*0.785+Gas*0.91
print("该月共排放二氧化碳%f" %Carbon)
Tree=int(Carbon/18.3)+1
print("需要种%d棵树中和碳排放" %Tree)
print(int(Tree)*chr(11245))
```

运行结果如图2-25所示:

```
请输入用水量:
400
请输入用电量:
500
请输入用气量:
600
该月共排放二氧化碳1014.500000
需要种56棵树中和碳排放
⯭⯭⯭⯭⯭⯭⯭⯭⯭⯭⯭⯭⯭⯭⯭⯭⯭⯭⯭⯭⯭⯭⯭⯭⯭⯭⯭⯭⯭⯭⯭⯭⯭⯭⯭⯭⯭⯭⯭⯭⯭⯭⯭⯭⯭⯭⯭⯭⯭⯭⯭⯭⯭⯭⯭⯭
```

图2-25　运行结果

任务六　Python编程注意事项

一、知识链接:常见问题

(1)缩进。Python程序是依靠代码块的缩进来体现代码之间的逻辑关系的,缩进结束就表示一个代码块结束了。对于类定义、函数定义、选择结构、循环结构,行尾的冒号表示缩进的开始。同一个级别的代码块的缩进量必须相同。

例如:

```
for i in range(10):     #循环输出数字0-9
    print(i,end= ' ')
```

一般而言,以4个空格为基本缩进单位,而不要使用制表符Tab。可以在IDLE开发环境中通过下面的操作进行代码块的缩进和反缩进:选择Fortmat→Indent Region/Dedent Region命令。

(2)注释。一个好的、可读性强的程序一般包含20%以上的注释。常用的注释方式主要有以下两种。

方法一:以#开始,表示本行#之后的内容为注释。

```
#循环输出数字0~9
for i in range(10):
    print (i,end= ' ')
```

方法二:包含在一对三引号之间且不属于任何语句的内容将被解释器认为是注释。

```
''' 循环输出数字0~9,可以为多行文'''
for i in range(10):
    print(i, end= ' ' )
```

在IDLE开发环境中,可以通过下面的操作快速注释/解除注释大段内容:

选择Format→Comment Out Region/Uncomment Region命令。

(3)每个import只导入一个模块,而不要一次导入多个模块。

```
import math                         #导入math数学模块
# math.sin(0.5)                     #求0.5的正弦
import random                       #导入random随机模块
x = random.random()                 #获得[0,1)内的随机小数
y = random.random()
n = random.randint(1,100)           #获得[1,100]上的随机整数
```

import math.random可以一次导入多个模块,虽然语法上可以但不提倡。

import的次序是,先import Python内置模块,再import第三方模块,最后import自己开发的项目中的其他模块。

不要使用from module import*,除非是import常量定义模块或其他可以确保不会出现命名空间冲突的模块。

(4)如果一行语句太长,可以在行尾加上反斜杠"\"来换行分成多行,但是建议使用圆括号来包含多行内容。如:

```
X = '这是一个非常长非常长非常长非常长\
非常长非常长非常长非常长非常长的字符串'          #"\"来换行
x=('这是一个非常长非常长非常长非常长'
'非常长非常长非常长非常长非常长的字符串')        #圆括号中的行会连接起来
```

(5)必要的空格与空行。运算符两侧、函数参数之间、逗号两侧建议使用空格分开。不同功能的代码块之间、不同的函数定义之间建议增加一个空行来增加可读性。

(6)类名中首字母大写。

(7)常量名中所有字母大写,由下划线连接各个单词,如:

```
WHITE = 'OXFFFFEF'
THIS_IS_A_CONSTANT = 1
```

二、知识链接:Python编程规范

在编写Python代码时,要有良好的习惯并遵守一些规范,这样编写的代码会比较美

观，而且可以为自己和别人提供很多方便，常见的规范如下。

(1)缩进。4个空格，在Linux系统下体现比较明显，IDLE会将Tab转换为4个空格，可放心使用。

(2)行的最大长度。每行代码的最长字符数不超过80个字符，一屏就可以看完，不需要左右移动。

(3)空行。本页的一级类或者方法之间空两行，二级类和方法之间空一行。

(4)类命名。所有单词的首字母都大写，并且不使用特殊字符、下划线和数字。

(5)方法命名。由小写字母或者下划线组成，多个单词用下划线连接，但下划线不能作为首字符。

(6)常量命名。以大写字母开头，全部是大写字母或下划线或数字，多见于项目的setting文件中。

(7)注释。单行注释以#开头，复杂逻辑一定要写注释。

(8)导入。每个文件头都会有一些导入，导入顺序为：先导入Python包，再导入第三方包，最后导入自定义的包。不使用的包不要导入，不要两个文件循环导入。

(9)空格。给变量赋值时，变量后空一个格，运算符或逗号后空一个格，但作为参数时符号前后不空格。

(10)try。代码中要尽量少出现异常捕获的代码，有些临界值或极值是可以预见的，如果没有预见，就让代码报错，重新修改代码。加多了异常捕获，反而会导致问题难以定位。

(11)全局变量名。没有特殊需求，不要使用全局变量。

(12)变量和传递参数不要使用关键字。

(13)方法的参数默认值中，不要有列表的默认值(参数传的是指针)。

(14)方法的返回值。优先返回True或False，其次返回数据，但一定要保证返回的数据类型是一致的，不要出现if中返回的是True，else中返回的是数据。

任务七　编程实现蔡勒公式

一、任务介绍

碳中和是千秋万代的事业，为此我们要把时空线拉长，感受时间长河中的光阴如梭，岁月更替，也许我们的今天也是曾经很多人遥想的未来，而面对未来的日子，我们更要为今天的行为负责。2018年7月出版的《百岁人生》中写道，21世纪初出生的人有50%的概率活到100岁，那么你可以快速算出未来的某一天是什么日子吗？

大家一定想到了用万年历，只要知道某年的第一天，就可以快速制作出全年的日历。

比如在Excel中做一个当月的日历，首先需要知道当月的第一天是星期几，然后就可以根据天数快速制作一个日历。如图2-26所示。

2022年	< 9月 >		假期安排		返回今天	
一	二	三	四	五	六	日
29 初三	30 初四	31 初五	1 初六	2 初七	3 初八	4 初九
5 初十	6 十一	7 白露	8 十三	9 十四	休 10 中秋节	休 11 十六
休 12 十七	13 十八	14 十九	15 二十	16 廿一	17 廿二	18 廿三
19 廿四	20 廿五	21 廿六	22 廿七	23 秋分	24 廿九	25 三十
26 初一	27 初二	28 初三	29 初四	30 初五	休 1 国庆节	休 2 初七
休 3 初八	休 4 重阳节	休 5 初十	休 6 十一	休 7 十二	班 8 寒露	班 9 十四

2022-09-10
10
八月十五
壬寅年 虎
己酉月 丙寅日
·中秋节
·教师节
宜：会亲友 沐浴 安葬 拆卸 起基
忌：结婚 搬新房 祭祀 作灶

	星期一	星期二	星期三	星期四	星期五	星期六	星期日
2022年9月				1	2	3	4
	5	6	7	8	9	10	11
	12	13	14	15	16	17	18
	19	20	21	22	23	24	25
	26	27	28	29	30		

图2-26　制作日历

因此，根据日期推算星期成为生成万年历的一个关键点。

二、任务实现

1. 编程实现：通过日期得到是星期几

历史上的某一天是星期几？未来的某一天是星期几？关于这个问题，有很多计算公式（两个通用计算公式和一些分段计算公式），其中最著名的是蔡勒（Zeller）公式。即 $w=y+[y/4]+[c/4]-2c+[26(m+1)/10]+d-1$

公式中的符号含义如下，w：星期；c：世纪-1；y：年（两位数）；m：月（m大于等于3，小于等于14，即在蔡勒公式中，某年的1、2月要看作上一年的13、14月来计算，比如2003年1月1日要看作是2002年的13月1日来计算）；d：日；[ ]代表取整，即只要整数部分。算出来的W除以7，余数是几就是星期几。如果余数是0，则为星期日。

以2049年10月1日(100周年国庆)为例,用蔡勒(Zeller)公式进行计算,过程如下:

蔡勒(Zeller)公式:w=y+[y/4]+[c/4]-2c+[26(m+1)/10]+d-1

=49+[49/4]+[20/4]-2×20+[26× (10+1)/10]+1-1

=49+[12.25]+5-40+[28.6]

=49+12+5-40+28

=54 (除以7余5)

即2049年10月1日(100周年国庆)是星期5。

参考程序:

写两组程序,第一个是3-12月的,第二个是1-2月的计算方法。

```
#蔡勒公式计算3-12月日期
y=eval(input("输入一个年份\n"))
m=eval(input("输入一个月份\n"))
c=y//100
d=eval(input("输入一个日子\n"))
w=y%100+y%100//4+c//4-2*c+26*(m+1)//10+d-1
print(w%7)
```

```
#蔡勒公式计算1-2月日期
a=eval(input("请输入年份\n"))
c=a//100#世纪
y=a%100#年
m=eval(input("请输入月份\n"))
d=eval(input("请输入日期\n"))
n=m+12
b=a-1
w=((y-1)+((y-1)//4)+(c//4)-2*c+(26*(n+1))//10+d-1)%7
print("今天星期%d"%w)
```

完整版程序参考:

```
w=0
y1=eval(input("请输入年份\n"))
```

```
y=y1%100
m=eval(input("请输入月份\n"))
if m==1 :
    m=13
elif m==2:
    m=14
else:
    m=m
c=y1//100
d=eval(input("请输入日期\n"))
w=(y+y//4+c//4-2*c+26*(m+1)//10+d-1)%7
lst=["七","一","二","三","四","五","六"]
print("这是未来的星期"+lst[w])
```

运行结果如图2-27所示。

```
C:\Users\86188\AppData\Local\Programs\Python\Python38\pyth
请输入年份
2022
请输入月份
11
请输入日期
14
这是未来的星期一
```

图2-27 运行结果

或者是：

```
dict_week = {1: '星期一 ', 2: '星期二 ', 3: '星期三 ', 4: '星期四 ', 5: '星期五 ',
6: '星期六 ', 0: '星期日 '}
year = input("请输入年份：")
m = int(input("请输入月份："))
d = int(input("请输入天数："))
c = int(year[:2])
y = int(year[2:])
if m == 1:
```

```
        m = 13
        y = y - 1
    elif m == 2:
        m = 14
        y = y - 1
    w = y + y//4 + c//4 - 2*c + 26*(m + 1)//10 + d - 1
    w = w % 7
    print(dict_week.get(w))
```

运行结果如图2-28所示。

```
dict_week = {1: '星期一', 2: '星期二', 3: '星期三', 4: '星期四', 5: '星期五', 6: '星期六', 0: '星期日'}
year = input("请输入年份：")
m = int(input("请输入月份："))
d = int(input("请输入天数："))
c = int(year[:2])
y = int(year[2:])
if m == 1:
    m = 13
    y = y - 1
elif m == 2:
    m = 14
    y = y - 1
w = y + y//4 + c//4 - 2*c + 26*(m + 1)//10 + d - 1
w = w % 7
print(dict_week.get(w))
```

```
C:\Users\86188\AppData\Local\Programs\Python\Python38\python.exe D:/pycharm。/12.py
请输入年份：2022
请输入月份：11
请输入天数：8
星期二
```

图2-28　运行结果

课后练习

一、填空题

1. Python序列类型包括______、______、______三种；______是Python中唯一的映射类型。
2. Python中的可变数据类型有______，不可变数据类型有______。
3. Python使用符号______标示注释；以______划分语句块。
4. Python的数字类型分为______、______、______、______等子类型。
5. Python标准库math中用来计算平方根的函数是______。
6. 列表、元组、字符串是Python的______(有序/无序)序列。
7. Python运算符中用来计算整商的是______。
8. Python运算符中用来计算集合并集的是______。
9. ____________命令既可以删除列表中的一个元素，也可以删除整个列表。
10. 表达式 int('123', 16) 的值为______。
11. 表达式 int('123', 8) 的值为______。
12. 表达式 int('123') 的值为______。
13. 表达式 int('101',2) 的值为______。
14. 表达式 abs(-3) 的值为______。
15. Python 3.x语句 print(1, 2, 3, sep=':') 的输出结果为______。
16. 表达式 int(4**0.5) 的值为______。
17. Python内置函数______可以返回列表、元组、字典、集合、字符串以及range对象中元素个数。
18. Python内置函数______用来返回序列中的最大元素。
19. Python内置函数______用来返回序列中的最小元素。
20. 已知 x = 3，那么执行语句x += 6 之后，x的值为______。
21. 表达式 3 | 5 的值为______。
22. 表达式 3 ** 2 的值为______。
23. 表达式 3 * 2的值为______。
24. 表达式16**0.5的值为______。
25. 表达式[1, 2, 3]*3的执行结果为______。
26. list(map(str, [1, 2, 3]))的执行结果为____________。
27. 列表对象的sort()方法用来对列表元素进行原地排序，该函数返回值为______。使用列表推导式生成包含10个数字5的列表，语句可以写为______。

28. 假设有列表a = ['name', 'age ', 'sex ']和b = ['Dong ', 38, 'Male '],请使用一个语句将这两个列表的内容转换为字典,并且以列表a中的元素为“键”,以列表b中的元素为“值”,这个语句可以写为__________________。

29. 字典中多个元素之间使用________________分隔开,每个元素的“键”与“值”之间使用____________分隔开。

30. 字典对象的____________方法返回字典中的“键-值对”列表。

31. 字典对象的____________方法返回字典的“键”列表。

32. 字典对象的____________方法返回字典的“值”列表。

二、选择题

1. 下列哪个语句在Python中是非法的?(　　)

A. x = y = z = 1　　B. x = (y = z + 1)

C. x, y = y, x　　D. x += y

2. 下面哪个不是Python合法的标识符(　　)

A. int32　　B. 40XL　　C. self　　D. __name__

3. 下列哪种说法是错误的(　　)

A. 除字典类型外,所有标准对象均可以用于布尔测试

B. 空字符串的布尔值是False

C. 空列表对象的布尔值是False

D. 值为0的任何数字对象的布尔值是False

4. 下列表达式的值为True的是(　　)

A. 5+4j > 2-3j　　B. 3>2>2

C. (3,2)< ('a','b')　　D. 'abc'> 'xyz'

5. 关于Python中的复数,下列说法错误的是(　　)

A. 表示复数的语法是real + image j

B. 实部和虚部都是浮点数

C. 虚部必须后缀j,且必须是小写

D. 方法conjugate返回复数的共轭复数

6. Python不支持的数据类型有(　　)

A. char　　B. int　　C. float　　D. list

7. 关于字符串下列说法错误的是(　　)

A. 字符应该视为长度为1的字符串

B. 字符串以\0标志字符串的结束

C. 既可以用单引号,也可以用双引号创建字符串

D. 在三引号字符串中可以包含换行回车等特殊字符

8. 以下不能创建一个字典的语句是(　　)

A. dict1 = {}

B. dict2 = { 3 : 5 }

C. dict3 = {[1,2,3]: "uestc"}

D. dict4 = {(1,2,3): "uestc"}

三、简答题

1. 简述Python语言常见数据类型有哪些。

2. 简述Python语言有哪些运算符。

项目三　绿色出行——选择结构

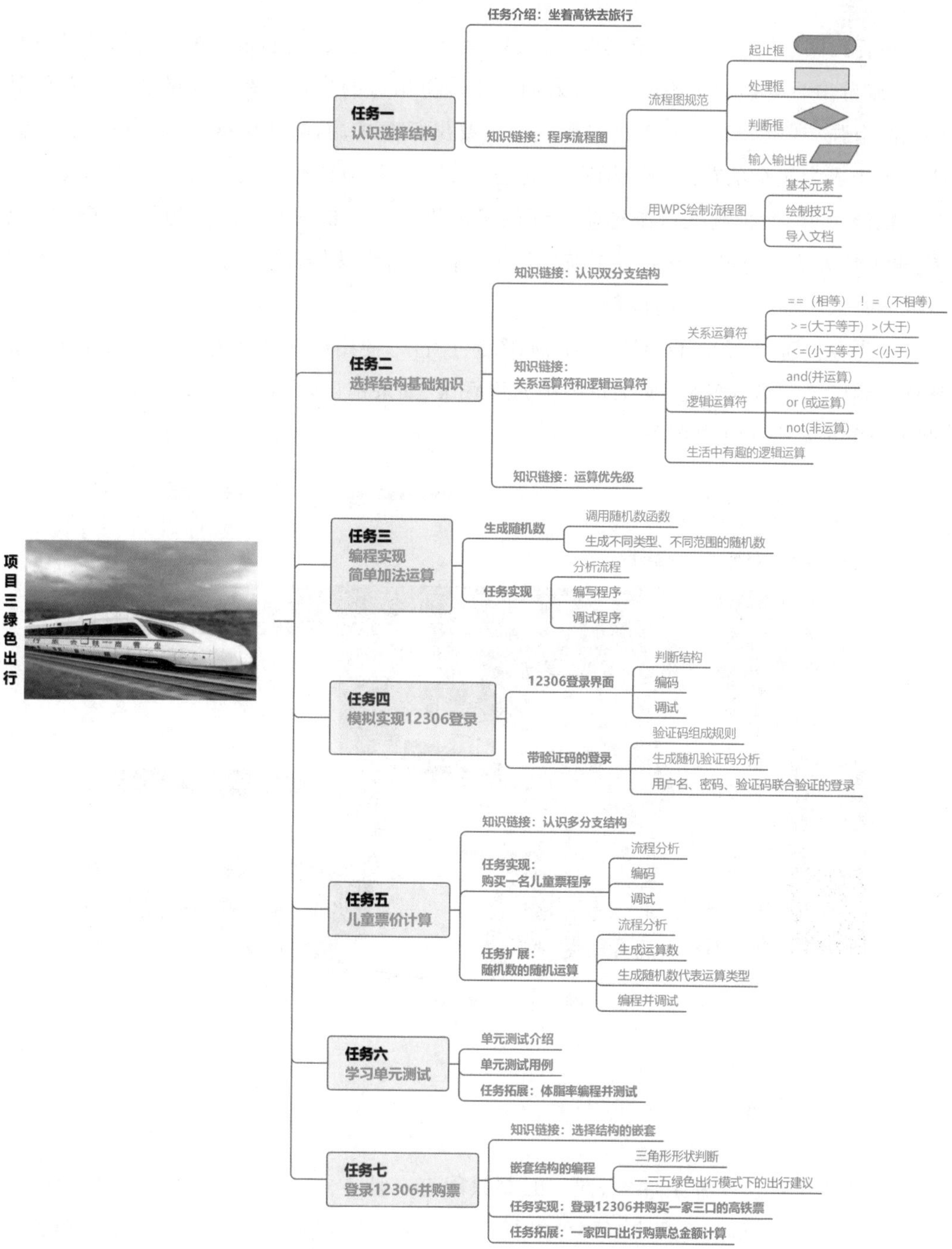

- 项目三绿色出行
  - **任务一 认识选择结构**
    - 任务介绍：坐着高铁去旅行
    - 知识链接：程序流程图
      - 流程图规范
        - 起止框
        - 处理框
        - 判断框
        - 输入输出框
      - 用WPS绘制流程图
        - 基本元素
        - 绘制技巧
        - 导入文档
  - **任务二 选择结构基础知识**
    - 知识链接：认识双分支结构
    - 知识链接：关系运算符和逻辑运算符
      - 关系运算符
        - ==（相等） !=（不相等）
        - >=(大于等于) >(大于)
        - <=(小于等于) <(小于)
      - 逻辑运算符
        - and(并运算)
        - or (或运算)
        - not(非运算)
      - 生活中有趣的逻辑运算
    - 知识链接：运算优先级
  - **任务三 编程实现简单加法运算**
    - 生成随机数
      - 调用随机数函数
      - 生成不同类型、不同范围的随机数
    - 任务实现
      - 分析流程
      - 编写程序
      - 调试程序
  - **任务四 模拟实现12306登录**
    - 12306登录界面
      - 判断结构
      - 编码
      - 调试
    - 带验证码的登录
      - 验证码组成规则
      - 生成随机验证码分析
      - 用户名、密码、验证码联合验证的登录
  - **任务五 儿童票价计算**
    - 知识链接：认识多分支结构
    - 任务实现：购买一名儿童票程序
      - 流程分析
      - 编码
      - 调试
    - 任务扩展：随机数的随机运算
      - 流程分析
      - 生成运算数
      - 生成随机数代表运算类型
      - 编程并调试
  - **任务六 学习单元测试**
    - 单元测试介绍
    - 单元测试用例
    - 任务拓展：体脂率编程并测试
  - **任务七 登录12306并购票**
    - 知识链接：选择结构的嵌套
    - 嵌套结构的编程
      - 三角形形状判断
      - 一三五绿色出行模式下的出行建议
    - 任务实现：登录12306并购买一家三口的高铁票
    - 任务拓展：一家四口出行购票总金额计算

任务一　认识选择结构

一、任务介绍：坐着高铁去旅行

随着我国居民生活水平的不断提升，在学习、工作之余，人们也被祖国的绿水青山所召唤，旅游出行的频次将不断提高，人们日常旅游出行的半径也在不断增加。随着环保意识的增强，乘坐公共交通工具出游成为主要出行方式，而高铁出行以其高速、安全、便捷的优势成为旅行的首选。全国高铁的进一步提速和高铁作为交通工具为旅游发展带来的赋能价值，使得高铁旅游迎来了新的发展机遇。高铁的开通极大地缩短了时空距离，也为地方旅游业的复苏注入了新的活力。网上购票、刷码进站的信息化普及，使人们可以随时来一场说走就走的旅行。

首先我们可以在12306网站注册，如图3-1所示，使用用户名和密码就可以进行登录系统。判断用户名和密码，如果正确则允许登录，如果错误则不允许登录，为实现用户登录的判断功能，要使用选择结构。

图3-1　12306登录界面

二、知识链接：程序流程图

选择意味着在几种条件中，同一时刻只能有一种方式，但是又要穷尽各种可能，比如，距离在3公里以内，你会选择哪种出行方式？步行、共享单车、公交车？这就是选择结构，编程时要满足不同的选择方案，但是带入特定的条件后，只执行满足条件的语句。通常用程序流程图来进行分析。例如图3-2所示的描述车辆通过道闸的流程图：

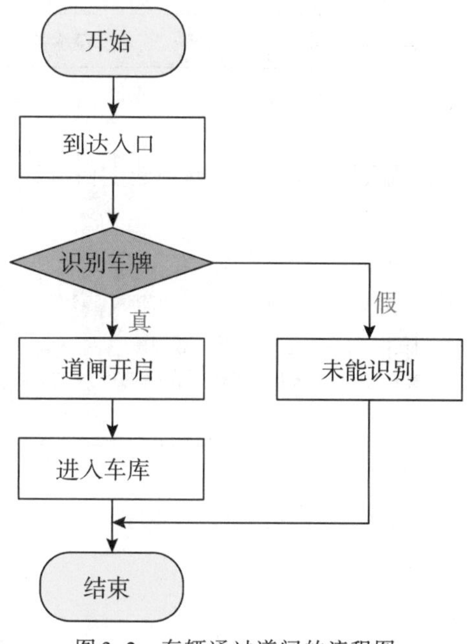

图3-2　车辆通过道闸的流程图

首先到达入口后，识别车牌，若识别到车牌则道闸开启，进入车库；若未能识别到车牌，则车辆后退。

（一）流程图规范

（1）一个流程从开始符开始，以结束符结束。处理流程须以单一入口和单一出口绘制。

（2）程序是从上往下或从左向右时，必须带箭头；除此以外，都可以不画箭头，同时连接线不能交叉，连接线不能无故弯曲。

（3）判断框和选择框上下端连接“yes”线，左右端连接“no”线。

（4）注意各流程图动线勾稽的合理性，并考量是否需建分表或合成简要总表，分表与总表以符号、颜色等区隔，使人一目了然。如表3-1所示。

表3-1　流程图符号及其含义

符号	名称	含义
	起止框	标准流程的开始与结束
	处理框	算法/程序要执行的处理操作
	判断框	判断条件是否成立

续表

符号	名称	含义
→	流程线	表示算法/程序执行的方向与顺序
▱	输入输出框	表示数据的输入/输出

(二)用WPS绘制流程图

WPS绘制流程图

打开WPS点击插入,找到流程图点击后,选择新建空白流程图,如图3-3所示。

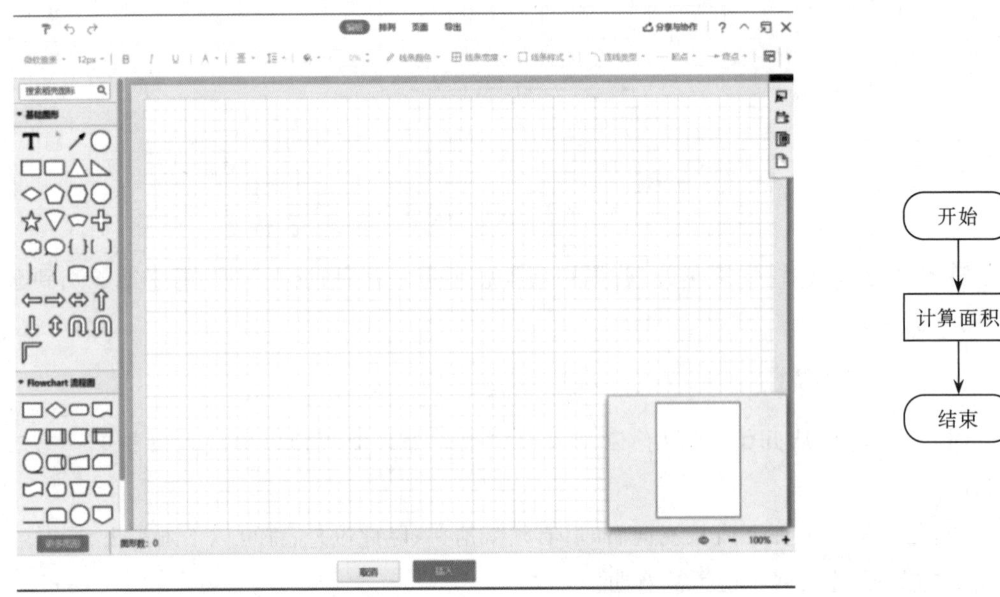

图3-3　WPS绘制流程图界面

注意,绘制完流程图后将其保存为“矢量图”SVG格式,这样可以确保图形清晰。

任务二　选择结构基础知识

引言+关系运算+逻辑运算

一、知识链接:认识双分支结构

用if语句可以构成选择结构,它根据给定的条件进行判断,以决定执行某个分支程序段。如图3-4所示为一个双分支选择结构。

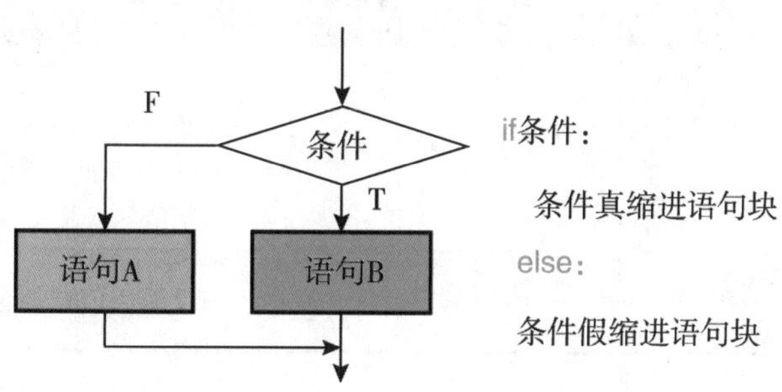

图 3-4　双分支结构示意图

那么条件判断中的真或者假又是怎样运算的呢？这就要用到关系运算和逻辑运算。

二、知识链接：关系运算符和逻辑运算符

（一）关系运算符

比较运算符用于判断同类型的对象是否相等，比较运算的结果是布尔值 Ture 或 False。如表 3-2 所示。

表 3-2　关系运算符

运算符	说明	表达式	结果
==	等于：判断是否相等	'a '== 'a '	True
!=	不相等：判断是否不相等	'c '!= 'c '	False
>	大于：判断是否大于	4>3	True
<	小于：判断是否小于	4<3	False
>=	大于等于：判断是否大于等于	2>=1	True
<=	小于等于：判断是否小于等于	2<=1	False

（二）逻辑运算符

逻辑运算符为 and（与，全真才真）、or（或，全假才假）、not（非）用于逻辑运算判断表达式的 True 或者 False，通常与流程控制一起使用。如表 3-3 所示。

表 3-3　逻辑运算符

运算符	表达式	x	y	结果	说明
and	x and y	True	True	True	表达式一边有 False 就返回 False，当两边都是 True 时返回 True。
		True	False	False	
		False	True	False	
		False	False	False	

续表

运算符	表达式	x	y	结果	说明
or	x or y	True	True	True	表达式一边有True就会返回True，当两边都是False时返回False。
		True	False	True	
		False	True	True	
		False	False	False	
not	not x	True	/	False	表达式相反返回值与原值相反
		False	/	True	

（三）生活中有趣的逻辑运算

案例一：老王的四个儿子老大、老二、老三和老四中有一人买彩票中了大奖。有人问他们时，老大说“中大奖的可能是老三也可能是老四”，老二说“老四中了大奖”，老三说“我没有中大奖”，老四说“中大奖的肯定不是我”。了解儿子的老王说“他们中有三位绝对不会说谎话”。

如果老王说得正确，则中大奖为（　　）。

A. 老大　　B. 老二　　C. 老三　　D. 老四

假设老王的四个儿子用A　B　C　D代表，Z表示中奖者。可以表示为：

A说　Z==C or Z==D　　B说　Z==D

C说　Z!=C　　D说　Z!=D

只有一个说谎，所以是D。

案例二：一件盗窃的刑事案件中，警方抓获了中、乙、丙、丁四名犯罪嫌疑人，对他们进行质问，他们是这样说的：

甲：是乙作的案

乙：是丁和我一起作的案

丙：丁是案犯

丁：不是我作的案

四句话只有一句是谎言，如果以上为真，则（　　）

A. 说假话的是甲，作案的是丙

B. 说假话的是丙，作案的是乙

C. 说假话的是丁，作案的乙和丁

四名犯罪嫌疑人甲乙丙丁分别用A　B　C　D代表，Z表示作案者。

甲说　Z==B　　乙说　Z==C and Z==B

丙说　Z==D　　丁说　Z!=D

只有一个说谎，丙和丁必有一个说谎。所以是C。

三、知识链接:运算优先级

之前学习了算数运算、赋值运算、位运算、比较运算、逻辑运算等,根据运算的优先级规则,从高到低依次如表3-4所示。

表3-4　运算优先级

优先级	类别	运算符	说明
最高	算术运算符	**	指数,幂
高	位运算符	+X,-X,~X	正取反,负取反,按位取反
	算术运算符	*,/,%,//	乘,除,取模,取整
	算术运算符	+,-	加,减
	位运算符	>>,<<	右移,左移运算符
	位运算符	&	按位与,集合并
	位运算符	^	按位异或,集合对称差
	位运算符	|	按位或,集合并
	比较运算符	<=,<,>,>=	小于等于,小于,大于,大于等于
	比较运算符	==,!=	等于,不等于
	赋值运算符	=,%=,/=,//=,-=,+=,*=,**=	赋值运算
	逻辑运算符	not	逻辑“非”
	逻辑运算符	and	逻辑“与”
低	逻辑运算符	or	逻辑“或”

任务三　编程实现简单加法运算

一、生成随机数

生活中有很多条件可以直接划分为两类,比如自然数可以划分为奇数和偶数,年份可以划分为平年和闰年,类似这种只有两种判断结果的情况,可以用双分支语句。如程序3-1中,随机生成两个整数进行加法运算,如果用户输入的值与计算结果一致,则显示回答正确,否则显示回答错误。

由系统随机生成两个数进行加法运算完成简单加法器的制作,通过调用random模块,其中random.uniform(起始值,终止值),例如random.uniform(1,50)生成的是1到50之间的随机浮点数，如果要生成随机整数可以使用int(random.uniform(1,50))进行转换，也可以直接使用random.randint(起始值,终止值)。

程序 3-1　显示随机数

```
import random    #导入random模块
random.random() #从random模块中调用random()方法
print("运行random.uniform(1,50)的结果:",random.uniform(1,50) )#生成一个1到50之间的随机数,带小数部分
print("运行int(random.uniform(1,50)的结果:",int( random.uniform(1,50) ))
print("运行random.randint(0,99)的结果:",random.randint(0,99))#生成一个0到99之间的随机整数
```

运行程序，运行结果如图3-5所示。

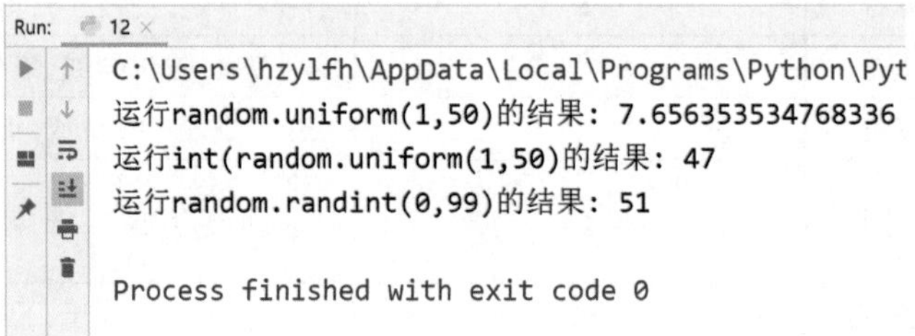

图3-5　运行结果

二、任务实现

加法运算判断程序由random函数随机生成两个整数，如果用户输入的值与计算结果一致，则显示回答正确，否则显示回答错误。

程序流程图如图3-6所示。

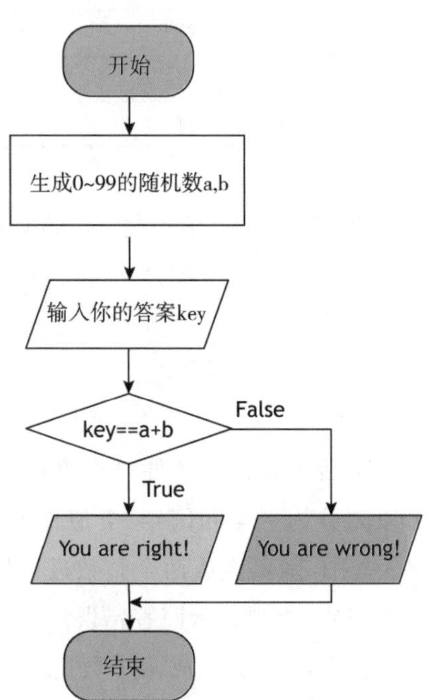

图3-6　加法运算判断流程图

程序 3-2　随机数的加法运算判断

```
import random
random.random()
a=random.randint(0,99)
b=random.randint(0,99)
print("%d+%d"%(a,b))
key=eval(input("你的答案是"))
if key==a+b:
    print("You are right!")
else:
    print("You are wrong!")
```

运行程序，分别输入正确答案和错误答案的运行结果如图 3-7 所示。

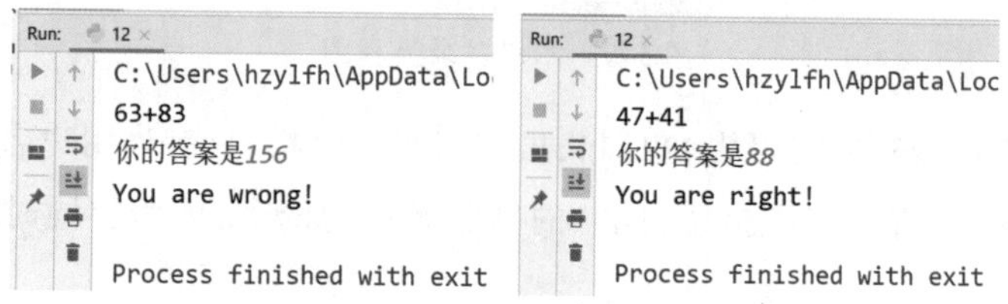

图 3-7　运行结果截图

任务四　模拟实现 12306 登录

一、12306 登录界面

以 12306 的登录界面为例绘制用户登录的代码，了解逻辑运算的应用。在选择结构中，需要同时满足的多个条件用 and 连接，and 连接的条件表达式全真时，判断结果为真；如果是满足多个条件中的一个用 or，or 连接的条件表达式全假时判断结果为假。

如图 3-8 所示，当用户输入用户名和密码后，点击“立即登录”按钮，如果用户名和密码均正确，则允许登录，用户名和密码不匹配，则不允许登录。

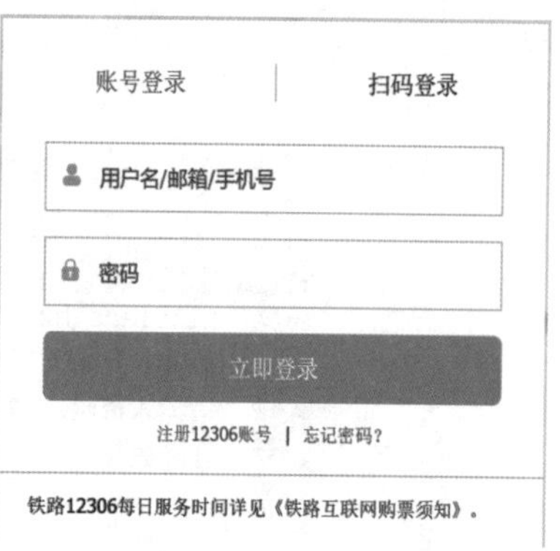

图 3-8　12306 的登录界面

用户登录判断的程序流程图如图3-9所示。

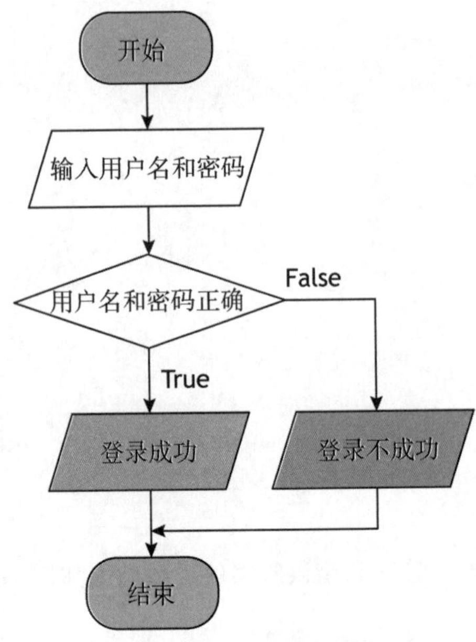

图3-9　用户登录流程图

假设用户名为12306，密码为111111，根据流程图分析，只有当用户名和密码均正确，才能显示登录成功，否则就会报错，此时的判断条件为两个，因为要同时满足，所以要使用and。

程序3-3　用户登录判断

```
a=input("请输入登录的用户名:")
b=input("请输入密码:")
if (a=="12306" and b=="111111"):
    print("登录成功")
else:
    print("用户名或密码错误")
```

分别输入正确的用户名+密码和正确的用户名+错误密码的运行结果如图3-10所示。

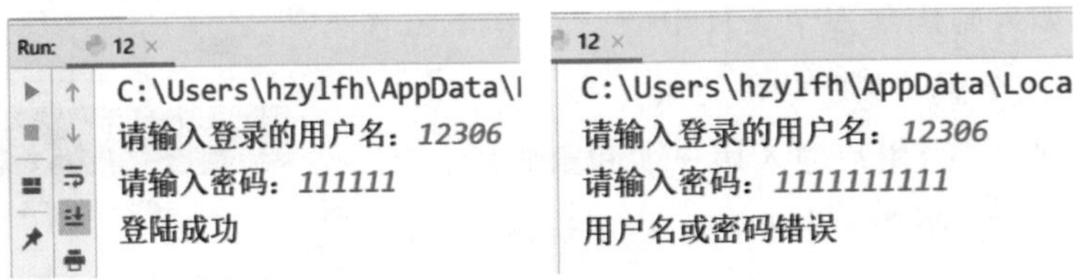

图3-10　运行结果截图

二、带验证码的登录

实际上很多网站的登录是需要验证码的，那么能否在前面学习登录的代码的基础上加上验证码，使程序更加完整呢？

例如图3-11所示。

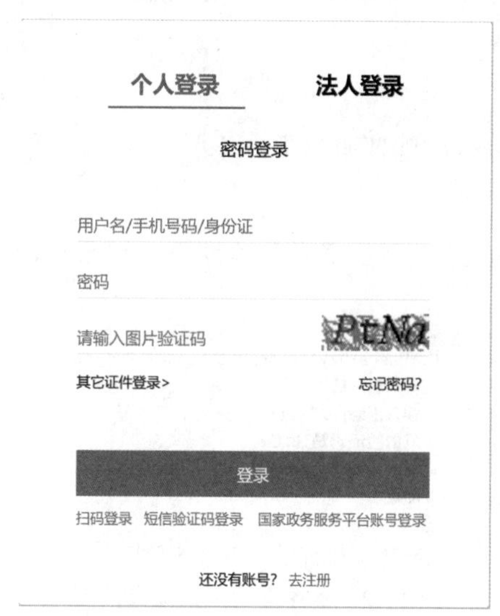

图3-11　网站登录需验证码页面截图

界面中除了有用户名和密码外，还增加了字符验证码，根据前面学习的内容，可以通过生成随机整数转换为字符的方式，组成验证码，其中大写字符的ASCII值为65-90，小写字符的ASCII值为97-122，因此可以通过chr(random.randint(65,90))生成一个随机的大写字符，通过chr(random.randint(97,122))生成一个随机的小写字符。下面就来模拟该界面，假设用户名为12306，密码为111111，验证码由大写字符和小写字符组成。

只有当用户名和密码及验证码均正确，才能显示登录成功，否则就会报错。此时的判断条件为三个，用and进行连接三个表达式，程序代码如下。

程序3-4　加验证码的登录判断

```
import random
random.random()
user=input("请输入登录的用户名：")
pwd=input("请输入密码：")
a=chr(random.randint(65,90))#65-90为对应大写字符的ASCII
b=chr(random.randint(97,122))#97-122为对应小写字符的ASCII
```

```
c=chr(random.randint(65,90))
d=chr(random.randint(97,122))
s=a+b+c+d      #此处的+表示字符连接
print("生成的验证码是:"+s)
yzm=input("请输入验证码:")
if (user=="12306" and pwd=="111111" and yzm==s):
    print("登陆成功")
else:
    print("用户名或密码或验证码错误")
```

程序运行时,输入正确的用户名、密码和验证码时结果如图3-12所示。

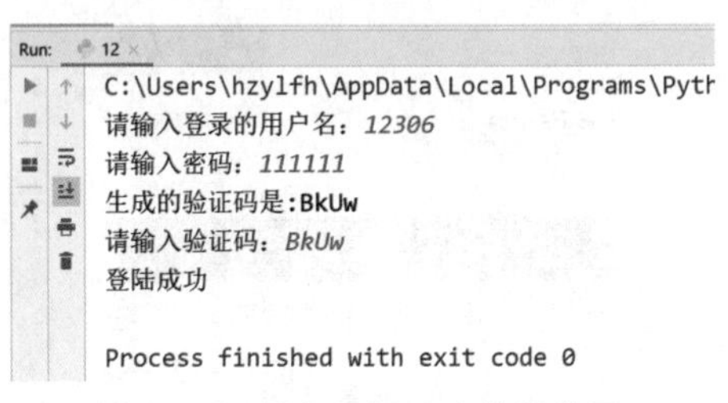
```
C:\Users\hzylfh\AppData\Local\Programs\Pyth
请输入登录的用户名:12306
请输入密码:111111
生成的验证码是:BkUw
请输入验证码:BkUw
登陆成功

Process finished with exit code 0
```

图3-12　程序运行正确结果截图

注意,在Python中是区别大小写字符的,因此程序运行时,输入如下的用户名、密码和验证码时,不能够通过验证。结果如图3-13所示。

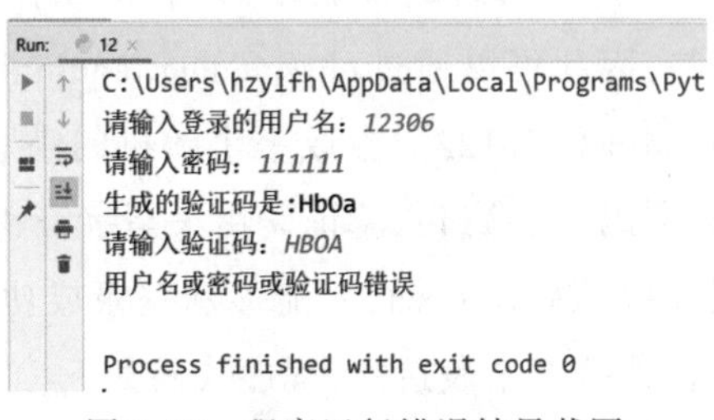
```
C:\Users\hzylfh\AppData\Local\Programs\Pyt
请输入登录的用户名:12306
请输入密码:111111
生成的验证码是:HbOa
请输入验证码:HBOA
用户名或密码或验证码错误

Process finished with exit code 0
```

图3-13　程序运行错误结果截图

登录验证程序中的用户名、密码、验证码为逻辑与的关系,有时会遇到逻辑与和逻辑或共同使用的多条件判断,比如生活中的闰年分为普通闰年和世纪闰年,其判断方法为:公历年份是4的倍数,且不是100的倍数,为普通闰年。公历年份是整百数,且必须是400的倍数才是世纪闰年。归结起来就是通常说的:四年一闰;百年不闰,四百年再闰。

如果用变量year表示年份,则闰年的判断条件为year%400==0 or year%4==0 and year%100!=0,此表达式中同时包含了逻辑运算的与或非三种情况,属于非常典型的案例。闰年判断的程序流程图如图3-14所示。

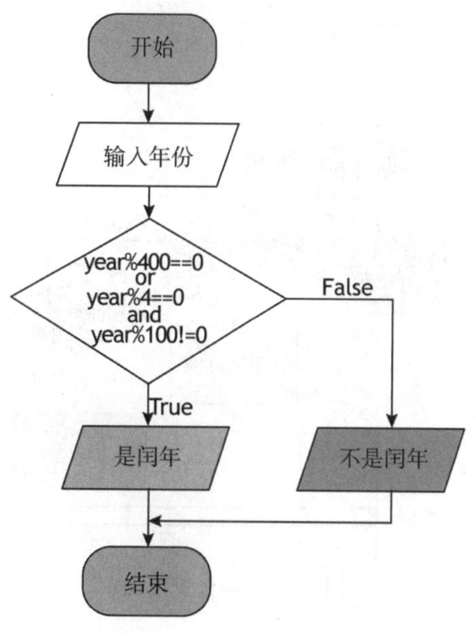

图 3-14 闰年判断流程

程序 3-5 闰年判断

```
print("请输入一个年份:")
year=int(input()) #输入年份,并将字符串转换成数字
if  year%400==0 or year%4==0 and year%100!=0:
    print("%d是闰年"%year)
else:
    print("%d不是闰年"%year)
```

任务五 儿童票价计算

多分支结构

一、知识链接:认识多分支结构

在铁路购票系统中,关于儿童购票的规则为:

一名成年人旅客可以免费携带一名身高不足 1.2 米的儿童。儿童身高为 1.2 ~ 1.5 米的,请购买儿童票;超过 1.5 米的,请购买全价座票。成年人旅客持卧铺车票时,儿童可以与其共用一个卧铺,并按上述规定免费或购票。

此种情况下,就涉及多种选择,在 Python 中我们用 if…elif…else…语句进行多分支选择结构的描述。该语句可以利用一系列条件表达式进行检查,并在某个表达式为真的情况下执行相应的代码。如图3-15所示。

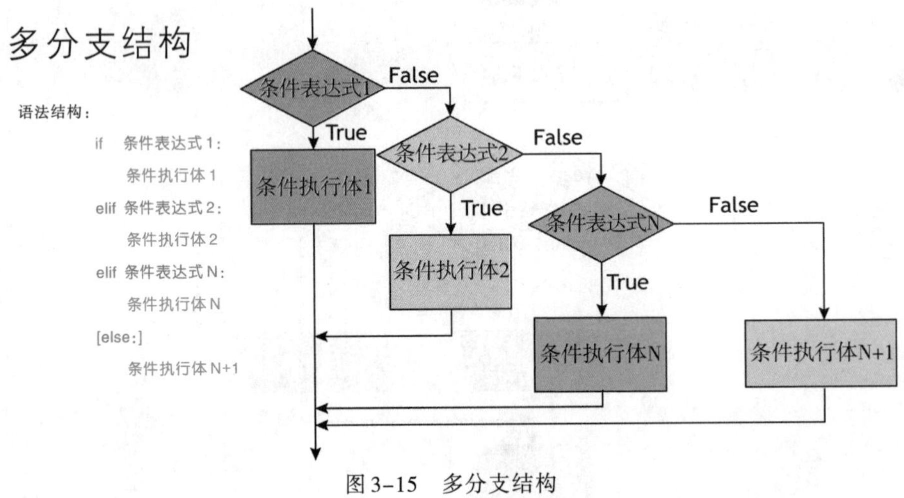

图3-15　多分支结构

二、任务实现:购买一名儿童票程序

根据儿童票购票规则,程序中可以通过儿童身高作为购票条件,当身高小于120厘米时,票价为0,当身高在120厘米到150厘米之间时,购买半价票,当身高超过150厘米时,购买全价票。此程序中出现了两个以上的判断条件,因此使用多分支结构。程序流程图如图3-16所示:

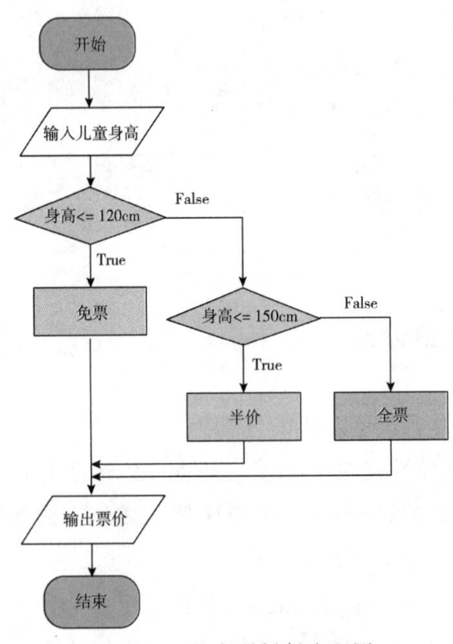

图3-16　儿童票判断流程图

程序 3-6　儿童票价计算程序

```
f = eval(input("儿童的身高,单位厘米:"))
zj=0
if (f <= 120):
    zj = 0

elif ( f <= 150):
    zj = 0.5
else:
    zj = 1
etzj=zj*977
print("儿童票折算为%f张成人票:"%(zj))
print("单张成人票价为977元,总价为:",etzj)
```

三、任务扩展:随机数的随机运算

在前面的学习中我们学会了随机数的加法运算,那如果想进行减法乘法等随机运算,用多分支结构就能实现。

我们用1-4个数字代表加减乘除四种运算,random.randint(1,4)可以生成一种对应的运算符号,程序中规定每个数字代表的运算,这样就可以得到不同计算法则的随机数运算程序。如果想要生成更多的运算,扩大random.randint(1,n)中n的范围即可。根据分析绘制流程图和程序如图3-17所示。

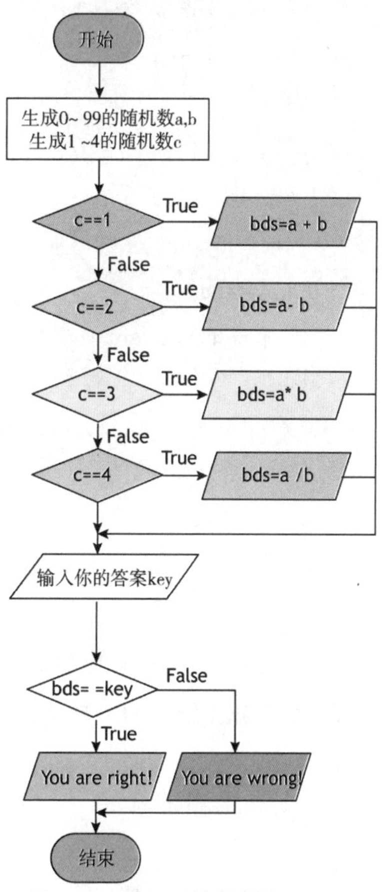

图3-17　随机运算的程序流程图

程序 3-7　随机运算的程序

```
import random
random.random()
a=random.randint(0,99)
b=random.randint(0,99)
c=random.randint(1,4)
print(c)
if c==1:
   print("%d+%d"%(a,b))
   bds=a+b
elif c==2:
   print("%d-%d"%(a,b))
   bds = a - b
elif c==3:
   print("%d*%d"%(a,b))
   bds = a * b
elif c==4:
   print("%d/%d"%(a,b))
   bds = int(a / b)
key=eval(input("你的答案是"))
if key==bds:
      print("You are right!")
else:
      print("You are wrong!")
```

单元测试

任务六　学习单元测试

为确保选择结构程序的完整性，运行程序时要将选择结构中的每个分支的情况都覆盖到，而多分支结构的判断条件复杂，为此引入了软件测试的思想。

一、单元测试介绍

单元测试（Unit Testing）又称为模块测试，是针对程序模块（软件设计的最小单位）来进行正确性检验的测试工作。软件测试中常用的单元测试方法有白盒测试、黑盒测试和灰盒测试。

(1)白盒测试:又称为结构测试或逻辑驱动测试,是一种按照程序内部逻辑结构和编码结构,设计测试数据并完成测试的一种测试方法。

(2)黑盒测试:又称为数据驱动测试,把测试对象当做看不见的黑盒,在完全不考虑程序内部结构和处理过程的情况下,测试者仅依据程序功能的需求规范考虑,确定测试用例和推断测试结果的正确性,它是站在使用软件或程序的角度,从输入数据与输出数据的对应关系出发进行的测试。

(3)灰盒测试:是一种综合测试法,它将"黑盒"测试与"白盒"测试结合在一起,是基于程序运行时的外部表现又结合内部逻辑结构来设计用例,执行程序并采集路径执行信息和外部用户接口结果的测试技术。

对于初学者编写的程序,采用白盒测试的路径覆盖测试比较适用。

路径覆盖的含义是:选取足够多的测试数据,使程序的每条可能路径都至少执行一次(如果程序图中有环,则要求每个环至少经过一次)。

单元测试模板如表3-5所示。

表3-5 单元测试模板

<table>
<tr><th colspan="6">单元测试记录</th></tr>
<tr><td>测试人员</td><td></td><td>测试时间</td><td></td><td>功能模块名称</td><td></td></tr>
<tr><td>功能描述</td><td colspan="2"></td><td>测试目的</td><td colspan="2"></td></tr>
<tr><td>用例编号</td><td>测试步骤</td><td>输入数据</td><td>预期结果</td><td>测试结果</td><td>说明</td></tr>
<tr><td></td><td></td><td></td><td></td><td></td><td></td></tr>
<tr><td></td><td></td><td></td><td></td><td></td><td></td></tr>
</table>

二、单元测试用例

(Test Case)是指对一项特定的软件产品进行测试任务的描述,体现测试方案、方法、技术和策略。其内容包括测试目标、测试环境、输入数据、测试步骤、预期结果、测试脚本等,最终形成文档。简单地认为,测试用例是为某个特殊目标而编制的一组测试输入、执行条件以及预期结果,用于核实是否满足某个特定软件需求。

测试用例主要包含四个内容:用例标题,前置条件,测试步骤和预期结果。用例标题主要描述测试某项功能;前置条件是指用例标题需要满足该条件;测试步骤主要描述用例的操作步骤;预期结果指的是符合预期(开发规格书、需求文档、用户需求等)需求。

以程序3-8为例,讲解测试用例的做法。

程序 3-8　计算成绩等级

```
score = eval(input("请输入0-100之间的成绩:"))
if score < 60:
    grade ="F"
elif score < 70:
    grade ="D"
elif score < 80:
    grade ="C"
elif score < 90:
    grade ="B"
elif score <=100:
    grade ="A"
print("输入成绩属于级别{}".format(grade))
```

测试用例见表3-6。

表3-6　测试用例

测试人员	****	测试时间	2022.09.22	功能模块名称	成绩分级
功能描述			测试目的	条件覆盖是否完整	
用例编号	测试步骤	输入数据	预期结果	测试结果	说明
1	Step1	-50	提示成绩不能为负数，重新输入	D	未考虑负数情况
2	Step2	0	F	D	特殊值
3	Step3	56	F	D	
4	Step4	60	D	D	边界值
5	Step5	65	C	C	
6	Step6	70	C	C	边界值
7	Step7	76	C	C	
8	Step8	80	B	B	边界值
9	Step9	86	B	B	
10	Step10	90	A	A	边界值
11	Step11	95	A	A	
12	Step12	100	A	A	边界值
13	Step13	123	提示超出100,重新输入值	A	未考虑超出范围的情况

三、任务拓展:体脂率编程并测试

身体质量指数(BMI,Body Mass Index)是国际上常用的衡量人体肥胖程度和是否健康的重要标准。

理想BMI(18.5~23.9)=体重(单位kg)÷身高的平方(单位m)。根据世界卫生组织(WHO)定下的标准,亚洲人的BMI(体重指标Body Mass Index)若高于22.9便属于过重。亚洲人和欧美人属于不同人种,WHO的标准不是非常适合中国人的情况,为此制定了中国参考标准如表3-7所示。

表3-7　身体质量指数中国参考标准

BMI分类	WHO标准	亚洲标准	中国参考标准	相关疾病发生的危险性
偏瘦	<18.5	<18.5	<18.5	低(但其他疾病危险性增加)
正常	18.5~24.9	18.5~22.9	18.5~23.9	平均水平
偏胖	25.0~29.9	23~24.9	24~26.9	增加
肥胖	30.0~34.9	25~29.9	27~29.9	中度增加
重度肥胖	35.0~39.9	≥30	≥30	严重增加
极重度肥胖	≥40.0			非常严重增加

根据以上内容,编程实现体脂率计算,并根据体脂率给出相应的健康建议。

根据以上内容,可以将体重和身高作为输入值,通过计算公式算出体脂率,然后根据体脂率给出健康建议,此部分为多分支结构。如图3-18所示。

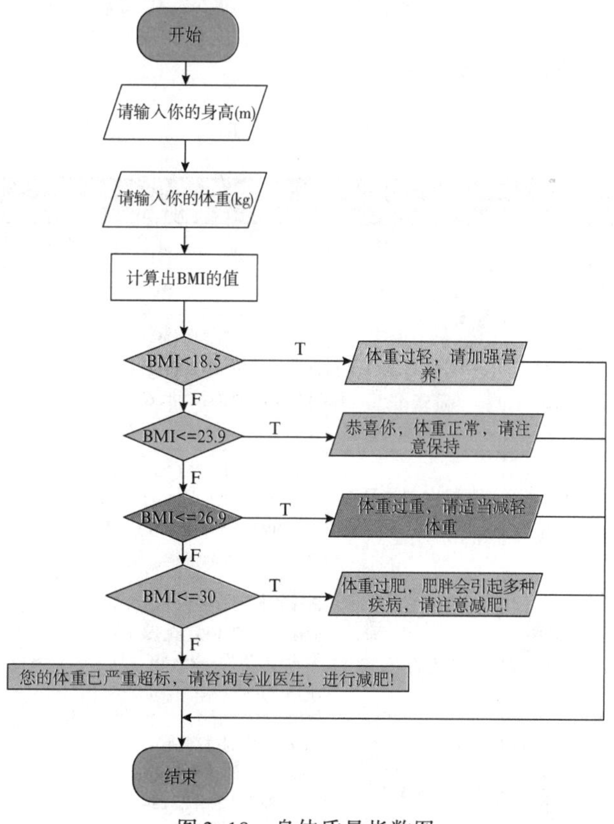

图3-18　身体质量指数图

程序3-9　计算体脂率

```
height = float(input( '请输入你的身高(m): '))
weight = float(input( '请输入你的体重(kg): '))
BMI = weight/(height * height)
print( '你的BMI值为:%.2f' % BMI)
if BMI < 18.5:
    print("体重过轻,请加强营养! ")
elif BMI <= 23.9:
    print("恭喜你,体重正常,请注意保持! ")
elif  BMI <= 26.9:
    print( '体重过重,请适当减轻体重! ')
elif BMI <= 30:
    print( '体重过肥,肥胖会引起多种疾病,请注意减肥! ')
else:
    print("您的体重已严重超标,请咨询专业医生,进行减肥! ")
```

参考测试用例如表3-8所示:

表3-8　参考测试用例

测试人员	****	测试时间	2022.10.16	功能模块名称	体脂率
功能描述	体脂率范围测试		测试目的	条件覆盖是否完整	
用例编号	测试步骤	输入数据	预期结果	测试结果	说明
1	Step1	1.65 40	体重过轻,请加强营养!	请输入你的身高(m): 1.65 请输入你的体重(kg): 40 你的BMI值为: 14.69 体重过轻，请加强营养!	
2	Step2	1.60 50	恭喜你,体重正常,请注意保持	请输入你的身高(m): 1.60 请输入你的体重(kg): 50 你的BMI值为: 19.53 恭喜你，体重正常，请注意保持!	
3	Step3	1.60 65	体重过重,请适当减轻体重	请输入你的身高(m): 1.60 请输入你的体重(kg): 65 你的BMI值为: 25.39 体重过重，请适当减轻体重!	
4	Step4	1.60 70	体重过肥,肥胖会引起多种疾病,请注意减肥!	请输入你的身高(m): 1.60 请输入你的体重(kg): 70 你的BMI值为: 27.34 体重过肥，肥胖会引起多种疾病，请注意减肥!	

续表

测试人员	****	测试时间	2022.10.16	功能模块名称	体脂率
5	Step5	1.6 -45	提示输入的数据不符合常识	请输入你的身高(m)：1.6 请输入你的体重(kg)：-45 你的BMI值为：-17.58 体重过轻，请加强营养！	未考虑数据范围

任务七　登录12306并购票

嵌套结构

一、知识链接:选择结构的嵌套

例如,登录12306,输入用户名、密码及验证码,如果正确则输入购买数量,如成人票2张,1张儿童票,并输入儿童的身高,计算需要付款的金额。

如果不正确,显示“账号出错”。

在此场景中,首先要进行账户登录,在允许登录的情况下才进行购票,因此,登录和购票构成嵌套关系。

嵌套的if语句是指在if语句内有其他的if语句。如图3-19所示。

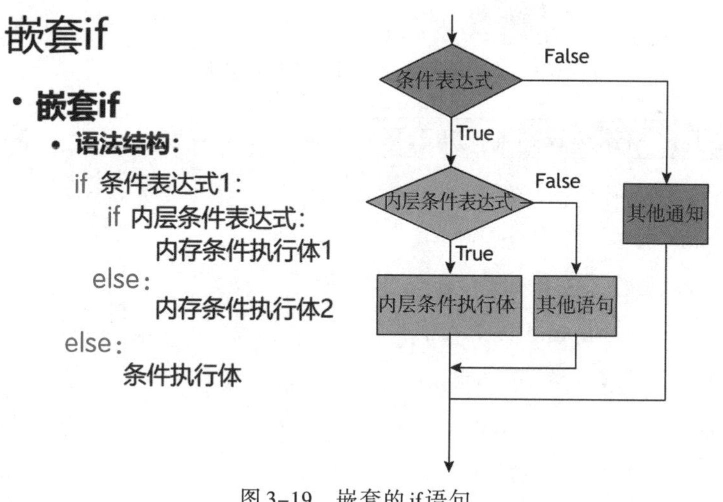

图3-19　嵌套的if语句

二、嵌套结构的编程

(一)三角形形状判断

从键盘上输入三个数代表三角形的三条边,首先判断是否能够构成三角形,如果能构成三角形,则判断三角形的形状;不能构成则提示不能构成三角形。

流程图如图3-20所示。

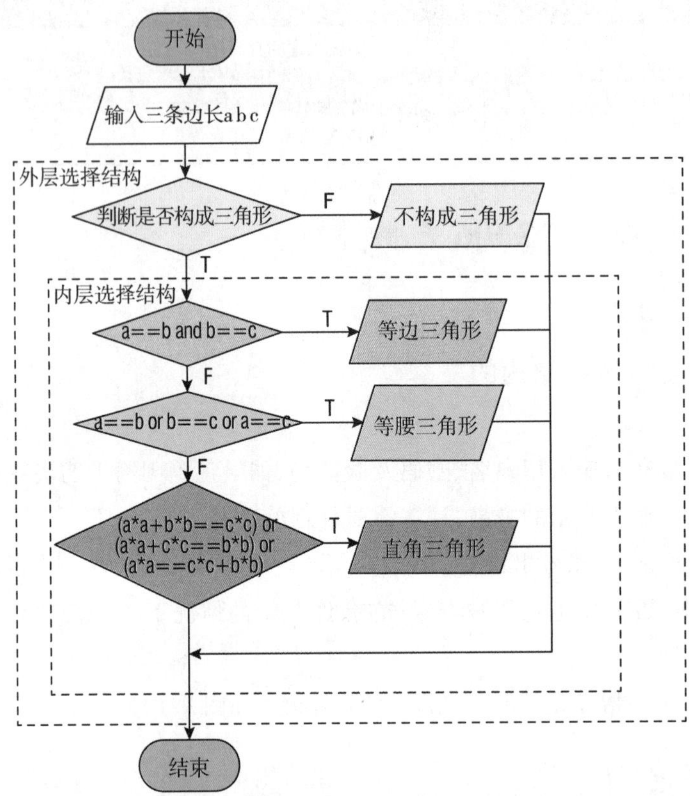

图3-20　根据边长判断三角形形状流程图

程序3-10　根据边长判断三角形形状

```
a=eval(input("请输入一条边"))
b=eval(input("请输入一条边"))
c=eval(input("请输入一条边"))
if a+b>c  and  a+c>b  and  b+c>a:
    print("三边可以组成三角形")
    if (a==b  and   b==c  and  a==c):
        print("等边三角形")
    elif(a==b  or   b==c  or  a==c):
        print("等腰三角形")
    elif (a*a+b*b==c*c)  or  (a*a+c*c==b*b)  or  (a*a==c*c+b*b):
        print("直角三角形")
else:
    print("不可以组成三角形")
```

测试用例见表3-9。

表3-9　测试用例

测试人员	****	测试时间	2022.09.22	功能模块名称	成绩分级
功能描述			测试目的	条件覆盖是否完整	
用例编号	测试步骤	输入数据	预期结果	测试结果	说明
1	Step1	1 1 2	不能构成三角形	请输入一条边1 请输入一条边1 请输入一条边2 不可以组成三角形	
2	Step2	4 5 6	普通三角形	请输入一条边4 请输入一条边5 请输入一条边6 三边可以组成三角形 普通三角形	
3	Step3	3 3 3	等边三角形	请输入一条边3 请输入一条边3 请输入一条边3 三边可以组成三角形 等边三角形	
4	Step4	3 3 4	等腰三角形	请输入一条边3 请输入一条边3 请输入一条边4 三边可以组成三角形 等腰三角形	
5	Step5	3 4 5	直角三角形	请输入一条边3 请输入一条边4 请输入一条边5 三边可以组成三角形 直角三角形	

(二)一三五绿色出行模式下的出行建议

选择低碳出行方式,给大家推荐“一三五”绿色出行模式。如果不是行动不便,3公里以内尽量走路,3~5公里尽量骑自行车,5公里以上优先选择乘坐公共交通工具。如果需要打车,请尽量选择拼车。

输入出行的人员类型:是否是出行不便人员,如果是,则按个人需求选择交通工具;输入出行的紧急程度,如果紧急则忽略,如果不紧急则建议遵循绿色出行原则;输入距离目的地的距离,给出出行建议。

此程序为三层嵌套,第一层判断是否是出行不便,第二层为是否紧急,第三层为选择出行方式。如图3-21所示。

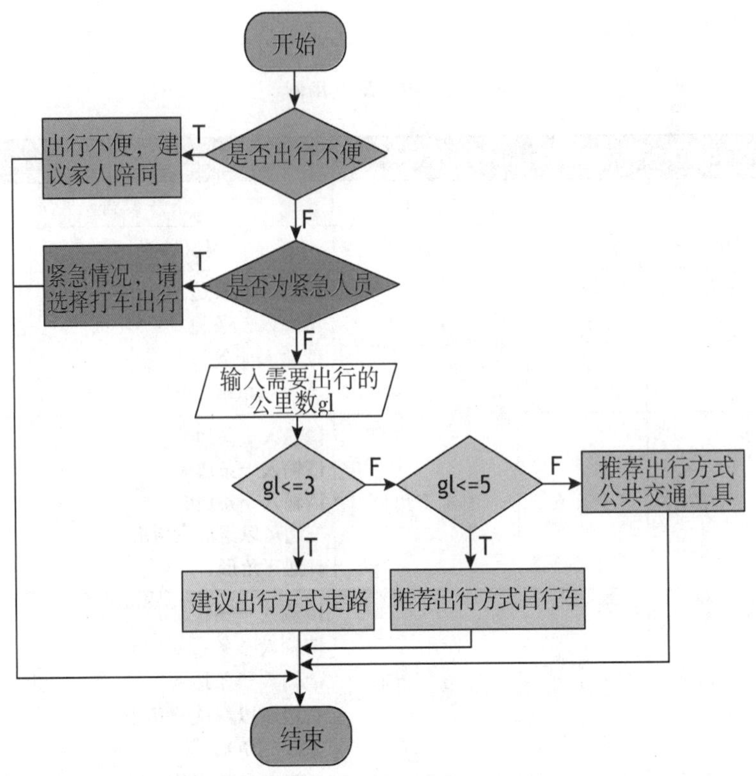

图 3-21　绿色出行流程图

程序 3-11　绿色出行建议的程序代码

```
bb=input("是否出行不便(T or F):")
if(bb=="F" or bb=="f"  ):
    JJ=input("是否为紧急人员(T or F):")
    if(JJ=="F" or JJ=="f"):
        gl = eval(input("出行的公里数:"))
        if (gl <= 3):
            print("建议出行方式走路")
        elif (gl <= 5):
            print("推荐出行方式自行车")
        else:
            print("推荐出行方式公共交通工具")
    else:
        print("紧急情况,请选择打车出行！ ")
else:
    print("出行不便,建议家人陪同！ ")
```

三、任务实现:登录12306并购买一家三口的高铁票

前面我们学习了登录判断和购买1名儿童票的程序,那么现在来完成登录12306系统并购买1名儿童票,2名成人票的程序。如图3-22所示。

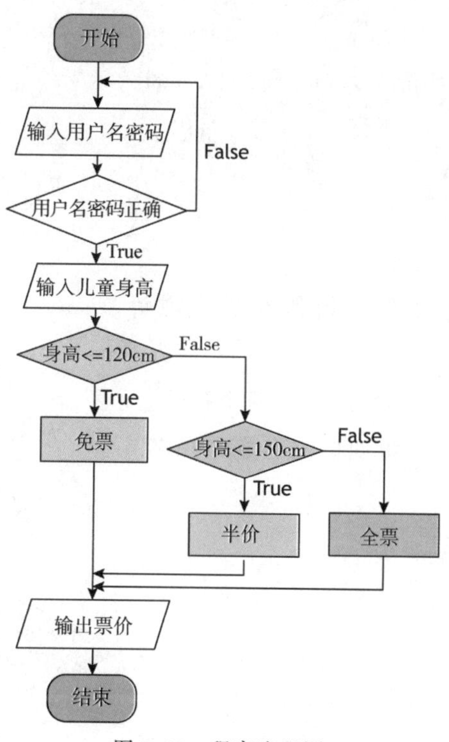

图3-22　程序流程图

程序3-12　代码

```
a=input("请输入登录的用户名:")
b=input("请输入密码:")
if (a=="12306" and b=="111111"):
    print("登陆成功")
    adu=977#一等座
    ad=581.5#二等座
    e = 2#成人个数
    d = 1#儿童数
    f = eval(input("儿童的身高,单位米:"))
    if (f <= 1.2):
```

```
            zj = 0
        elif (f > 1.2 and f < 1.5):
            zj = 0.5
        else:
            zj = 1
        etzj = (zj+2) * 977.75
        print("单张成人票价为977,总价为:", etzj)
else:
    print("账号出错")
```

四、任务扩展:一家四口出行购票总金额计算

在二胎政策的响应下,多数家庭有两个孩子,同学们可以试着编写一下一家四口(2名成人,2名儿童)的代码。

程序流程图如图3-23所示。

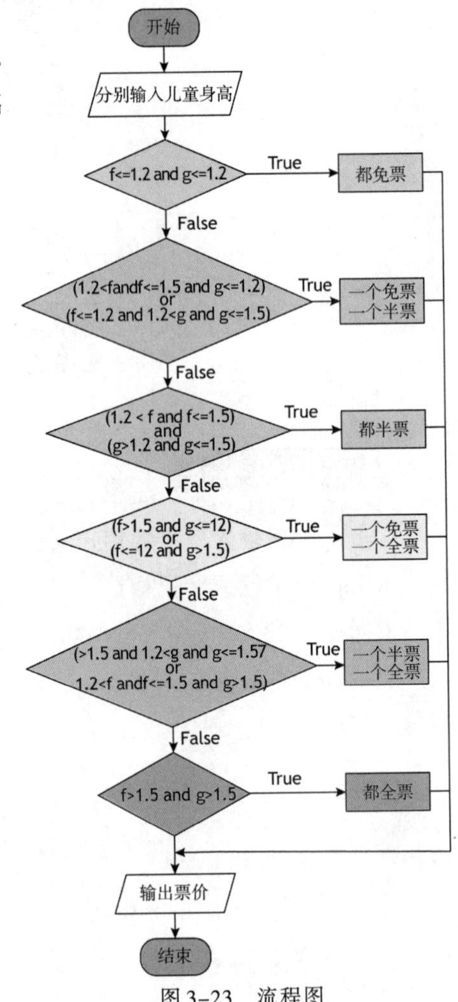

图3-23 流程图

程序 3-13　代码

```
a=input("请输入登录的用户名:")
b=input("请输入密码:")
if (a=="12306" and b=="111111"):
    print("登陆成功")
    adu=977#一等座
    ad=581.5#二等座
    d=int(input("需要的儿童票数"))
    e=input("需要的成人票数")
    if d>0:
        f=eval(input("第一个儿童的身高为:"))
        g=eval(input("第二个儿童的身高为:"))
        if f<=1.2 and g<=1.2:
            print("两张儿童票免费")
         #一个半价一个免票
        elif (1.2<f and f<=1.5 and g<=1.2) or (f<=1.2 and 1.2<g and g<=1.5):
            zj1=2*adu+adu/2
            zj2=2*ad+ad/2
            print("一名儿童半价,一名儿童免费")
        # 一个半价一个半价
        elif (1.2 < f and f <=1.5 and g > 1.2 and g <=1.5):
            zj1 = 2 * adu + adu / 2
            zj2 = 2 * ad + ad / 2
            print("一名儿童半价,一名儿童半价")
        #一个全价一个免票
        elif (f>1.5 and g<=1.2) or (f<=1.2 and g>1.5) :
            zj1=3*adu
            zj2=3*ad
            print("一名儿童全价,一名儿童免费")
        #一个半价一个全价
        elif (f>1.5 and 1.2<g and g<=1.5) or (1.2<f and f<=1.5 and g>1.5):
            zj1=3*adu+adu/2
            zj2=3*ad+ad/2
```

```
            print("一名儿童半价,一名儿童全价")
        #两个全价
        elif f>1.5  and  g>1.5:
            zj1=4*adu
            zj2=4*ad
            print("两名儿童全价")
        print("一等座总价为%f"%zj1,"二等座总价为%f"%zj2)
else:
    print("登录不成功")
```

测试用例见表3-10。

表3-10 测试用例

测试人员	****	测试时间	2022.10.13	功能模块名称	高铁买票
功能描述	测试两名儿童购票部分程序		测试目的	条件覆盖是否完整	
用例编号	测试步骤	输入身高数据	价格预期结果	价格测试结果	说明
1	Step1	1.1,1.1	0	0	
2	Step2	1.2,1.2	0	0	边界值
3	Step3	1.2,1.4	488.5	488.5	
4	Step4	1.2,1.5	488.5	488.5	边界值
5	Step5	1.2,1.6	977	977	
6	Step6	1.5,1.5	977	977	边界值
7	Step7	1.4,1.6	1465.5	1465.5	
8	Step8	1.6,1.6	1954	1954	

课后练习

一、填空题：

1. 表达式isinstance('Hello world ',str)的值为＿＿＿＿＿＿。
2. 已知x=3,并且id(x)的返回值为496103280,那么执行语句x+=6之后,表达式id(x)==496103280的值为＿＿＿＿＿＿。
3. 已知x=3,那么执行语句x*=6之后,x的值为＿＿＿＿＿＿。
4. 表达式[3] in [1,2,3,4]的值为＿＿＿＿＿＿。
5. 语句sorted([1,2,3],reverse=True)==reversed([1,2,3])执行结果为＿＿＿＿＿＿。
6. 表达式[x for x in [1,2,3,4,5] if x<3]的值为＿＿＿＿＿＿。
7. 表达式[index for index,value in enumerate([3,5,7,3,7]) if value == max([3,5,7,3,7])]的值为＿＿＿＿＿＿。
8. 表达式3//5的值为＿＿＿＿＿＿。
9. 表达式 '%c'%65==str(65)的值为＿＿＿＿＿＿。
10. 表达式 '%s '%65==str(65)的值为＿＿＿＿＿＿。
11. 表达式chr(ord('b')^32)的值为＿＿＿＿＿＿。
12. 表达式set([1,2,3])=={1,2,3}的值为＿＿＿＿＿＿。
13. 表达式set([1,2,2,3])=={1,2,3}的值为＿＿＿＿＿＿。
14. 表达式'abc'in'abdcefg'的值为＿＿＿＿＿＿。
15. 已知x为整数变量,那么表达式int(hex(x),16)==x的值为＿＿＿＿＿＿。
16. 已知x=[3,3,4],那么表达式id(x[0])==id(x[1])的值为＿＿＿＿＿＿。
17. 表达式{1,2,3,4,5,6}^{5,6,7,8}的值为＿＿＿＿＿＿。
18. 表达式15//4的值为＿＿＿＿＿＿。
19. 表达式True*3的值为＿＿＿＿＿＿。
20. 表达式False+1的值为＿＿＿＿＿＿。
21. 表达式'ab' in'acbed'的值为＿＿＿＿＿＿。
22. 假设n为整数,那么表达式n&1==n%2的值为＿＿＿＿＿＿。
23. 关键字＿＿＿＿＿＿用于测试一个对象是否是一个可迭代对象的元素。
24. 表达式3<5>2的值为＿＿＿＿＿＿。
25. 已知x={ 'a ':'b ', 'c ':'d '},那么表达式 'a ' in x 的值为＿＿＿＿＿＿。
26. 已知x={ 'a ':'b ', 'c ':'d '},那么表达式 'b ' in x 的值为＿＿＿＿＿＿。
27. 已知x={ 'a ':'b ', 'c ':'d '},那么表达式 'b ' in x.values()的值为＿＿＿＿＿＿。
28. 表达式1<2<3的值为＿＿＿＿＿＿。
29. 表达式3 or 5的值为＿＿＿＿＿＿。

30. 表达式0 or 5的值为____________。

31. 表达式3 and 5的值为____________。

32. 表达式3 and not 5的值为____________。

33. Python中用于表示逻辑与、逻辑或、逻辑非运算的关键字分别是________________、________________、________________。

34. 表达式5 if 5>6 else(6 if 3>2 else 5)的值为____________。

35. Python关键字elif表示____________和____________两个单词的缩写。

二、选择题：

1. 下列Python语句正确的是(　　)

A. min=x if x < y else y　　　B. max=x>y?x:y

C. if (x>y)print x　　　D. while True : pass

三、编程题：

1. 从键盘随机输入一个整数，判断该数字能否被 3 和 5 同时整除。

2. 根据阅读材料，完成程序编写：

在《中华人民共和国兵役法》第十二条规定：每年十二月三十一日以前年满十八周岁的男性公民，应当被征集服现役。当年未被征集的，在二十二周岁以前仍可以被征集服现役，普通高等学校毕业生的征集年龄可以放宽至二十四周岁。

输入出生日期，判断是否符合参军条件，提示：可以使用两个日期相减，除以356天进行估值计算。

3. 假设小林每个月都需要上20天班，每天上班需要来回一次，即每天需要走两次同样路线。编写程序，输入小明从家到单位的距离，根据以下信息提示帮助小明计算一年内全部通过刷卡乘坐轨道需要的总费用以及相比全部买单程票节省的费用。

(1)小林家当地的轨道交通票价标准：起步价2元(0~6km(含))，3元(6~11km(含))，4元(11 ~ 17km(含))，5元(17~24km(含))，6元(24~32km(含))，7元(32~41km(含))，8元(41~51km(含))，9元(51~63km(含))，10元(63km以上)。

(2)目前在票价标准基础上实行最高票价7元封顶的优惠票价。

(3)宜居畅通普通卡、开通电子钱包功能的成人优惠卡，乘车可享受单程票价9折优惠。

(4)单程票：乘客购买后，限本站当日一次乘车使用，出闸时回收。单程票仅限单人、单次于车票发售当日限时使用，仅限于购票站进闸，不能挂失。

项目四　账户安全——循环结构

- 项目四　账户安全 
  - 任务一 模拟用户注册
    - 任务介绍
      - 弱口令
      - 密码策略
    - 知识链接：while循环结构
      - while循环结构介绍
        - 循环变量初值
        - 循环条件
        - 循环体
        - 循环变量的变化
      - 用while循环做数据完整性约束
    - 任务实现
      - 流程分析
      - 用户注册功能实现
        - 用户名
        - 密码
          - 长度>6
          - 含特殊字符
          - 两次密码一致
    - 任务拓展
      - while用于不确定循环次数的循环
      - 用于确定范围的循环
  - 任务二 模拟用户登录验证
    - 任务描述
      - 登录的用户名与注册的用户名一致
      - 登录的密码与注册的密码一致
    - 知识链接：for循环结构
      - for循环结构
        - 语法规则
          - 初值
          - 终值
          - 步长
        - 适用范围
      - 编程实战
        - 贷款利息的计算
        - 计算 1-100 之间的奇数和与偶数和之差
        - 计算 2+22+222+2222+22222
        - 计算 1！+2！+3！+……+10！
        - 打印该年度的日历
        - 打印进度条
        - 字典与循环——字符统计
        - 列表与循环——删除数字列表中的奇数
    - 任务实现
      - 用户登录流程
        - 流程分析
        - 流程图描述
      - 完整登录功能实现
        - 注册
        - 登录
          - 验证码
          - 登录次数限定
      - 单元测试
  - 任务三 实现倒计时功能
    - 任务分析
      - 分析内外循环过程
      - 掌握循环规律
    - 任务实现
      - 流程分析
      - 编程调试
    - 任务拓展
      - 输出九九乘法表
      - 输出三角形
      - 输出扑克牌程序
    - 安全账户的注册、登录实现
      - 符合用户名、密码复杂度的注册
      - 含登录次数限定及超出次数的封号
      - 显示倒计时封号时长
      - 单元测试
  - 任务四 break和continue语句
    - 知识链接：break用法
    - 知识链接：continue用法
  - 任务五 异常处理
    - 知识链接：异常概念
    - 知识链接：异常获取
  - 任务六 随机数的多题加法运算
    - 任务描述
      - 多题运算
      - 计算得分
      - 记录做题时间
    - 任务实现
      - 流程分析
      - 编程并调试
  - 任务七 看字组词
    - 任务描述
      - 根据所给字组成四字成语
      - 三次机会
        - 答对提示
        - 答错出正确答案
    - 任务实现
      - 程序分析
      - 编程并调试

任务一 模拟用户注册

while循环

一、任务介绍

弱口令是用户由于安全意识不足，为了方便、避免忘记密码等，使用了非常容易记住的密码，是直接采用了系统的默认密码或使用了生日、姓名、电话号码、身份证号码等比较容易被攻击者猜到的信息设置口令。账户信息一旦被非法分子破解成功后即可获取合法用户的权限，从而能够查看用户的敏感信息，还有可以进行钓鱼等操作，甚至可以破解管理员的密码从而能够拿到管理员的权限，进而控制整个站点批量获取用户账号密码，为此我们要有一定的防范意识，提升账户的安全性，而设置复杂的密码是保障用户信息安全的重要手段，可以按照以下要求设置密码：

(1)至少包含不同类型字符，比如数字、字母、特殊字符等混合；

(2)位数足够长。

登录系统之前，通常会让用户进行注册，例如图4-1所示的注册页面。

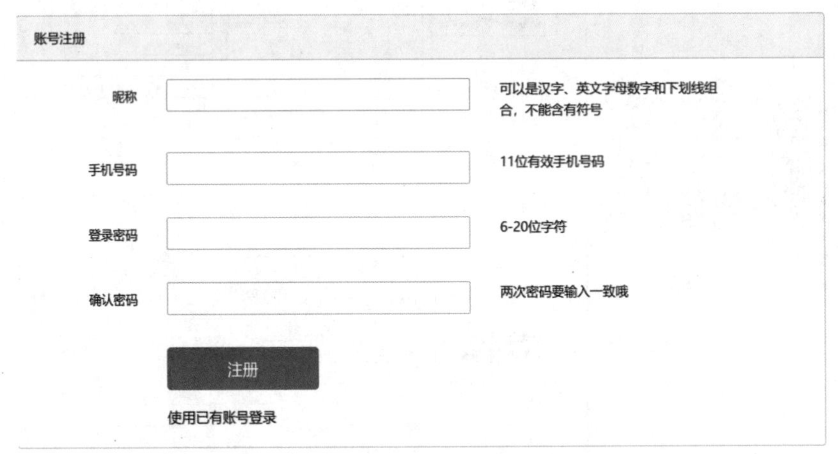

图4-1 注册页面

要解决几个问题：

(1)昵称的合法性；

(2)手机号长度；

(3)两次密码一致。

用户在注册时为确保两次密码一致，要进行判断，直至用户输入正确为止，即采用循环结构，Python中循环结构有两种类型，分别是for(遍历循环)与while(无限循环)，接下来对两种循环类型的使用与注意事项进行介绍。

二、知识链接:while循环结构

(一)While循环结构介绍

While循环中通常包含了循环变量初值、循环条件、循环体、循环变量的变化这四个关键点。

程序4-1　连续输出多个*号

```
n=1
while n<10:
    print("*",end=" ")
    n=n+1
```

以上程序中给变量n赋初值为1,当n小于10时,则执行循环体,循环体内有两条语句,第一句:不换行打印*,第二句:将变量n增加1。

当n>=10时,不再满足循环条件,则退出循环,循环结构流程如图4-2所示。

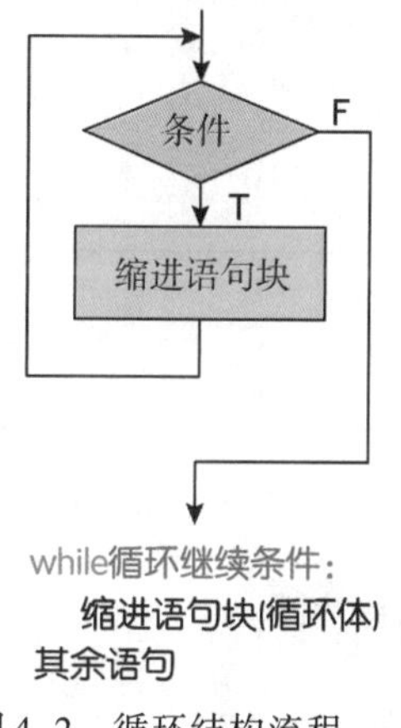

图4-2　循环结构流程

(二)用while循环做数据完整性约束

下面我们通过日常超市付款程序更好地帮助大家了解while循环用于确定数据完整性的约束。

首先判断消费者是否为会员。如果消费者是会员,当购物金额大于等于100元时打九折,当购物金额大于等于200元时打八折,购物金额小于100元时不打折;如果消费者不是会员,当购物金额大于等于200元时打九五折,否则不打折。

程序流程图如图4-3所示。

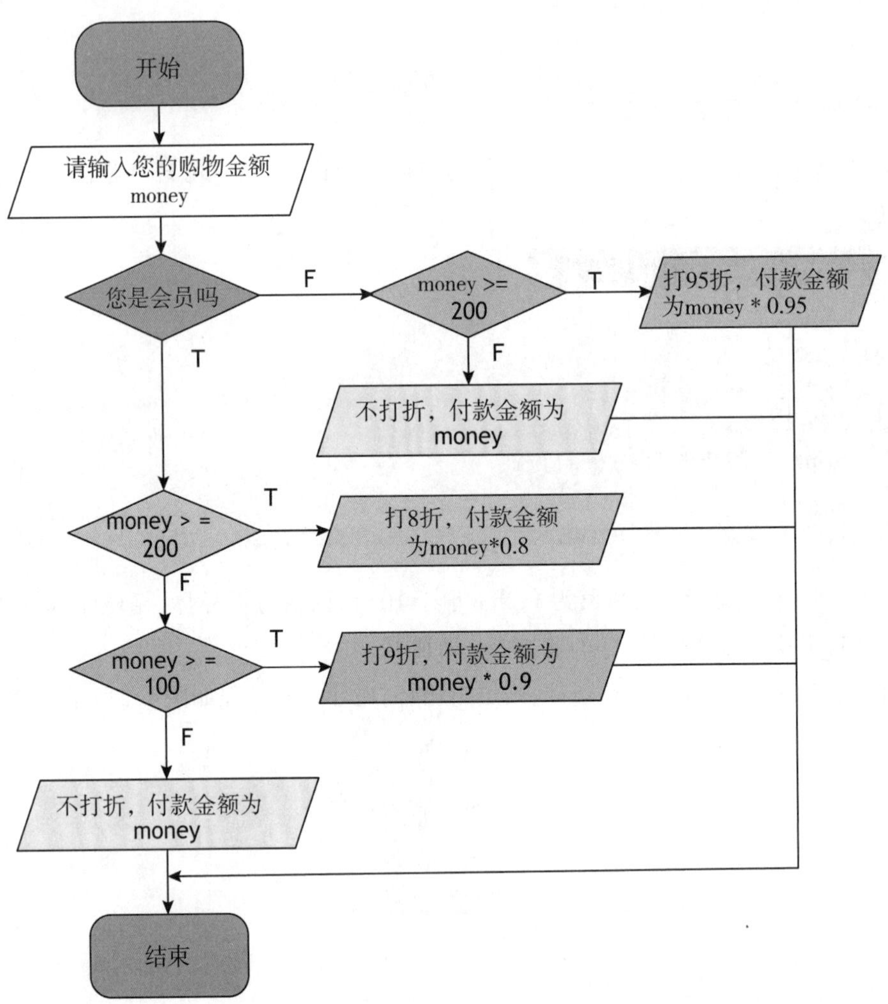

图4-3　程序流程图

程序4-2　会员打折计算程序

```
answer = input("您是会员吗？(y/n)")
money = int(input("请输入您的购物金额:"))
if answer =="y":
    if money >= 200:
        print("打8折,付款金额为", money*0.8)
    elif money >= 100:
        print("打9折,付款金额为", money*0.9)
    else:
```

```
        print("不打折,付款金额为", money)
else:
    if money >= 200:
        print("打95折,付款金额为", money * 0.95)
    else:
        print("不打折,付款金额为", money)
```

运行结果如下：

```
您是会员吗？(y/n)y
请输入您的购物金额：-90
不打折，付款金额为 -90
```

在此程序中，购物金额为负数，但根据实际生活经验，金额不可能为负数，说明没有进行数据完整性的约束。那么我们可以将程序修改为。

程序4-3　修改后的会员打折计算

```
answer = input("您是会员吗？(y/n)")
money = int(input("请输入您的购物金额:"))
while (money <= 0):
    money = int(input("请输入您的购物金额:"))
if answer == "y":
    if money >= 200:
        print("打8折,付款金额为", money * 0.8)
    elif money >= 100:
        print("打9折,付款金额为", money * 0.9)
    else:
        print("不打折,付款金额为", money)
else:
    if money>= 200:
        print("打95折,付款金额为", money * 0.95)
    else:
        print("不打折,付款金额为", money)
```

三、任务实现

用户注册时需要输入昵称、手机号码、密码等，但是并不确定什么时候用户输入的值是满足条件的，所以这种循环为不确定循环次数的循环。如图4-4所示的注册界面其注册流程如图4-5所示。

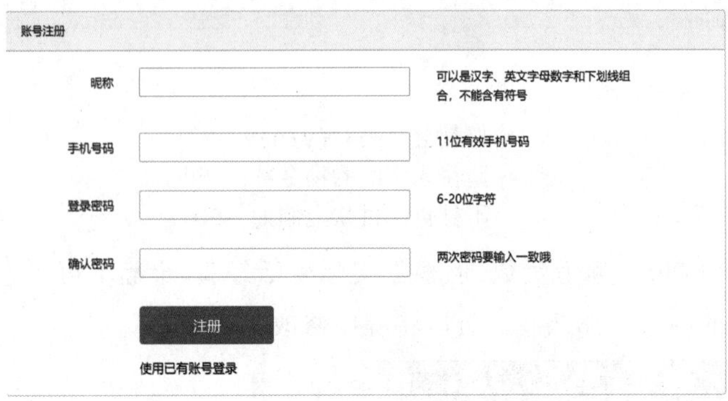

图4-4　用户注册界面

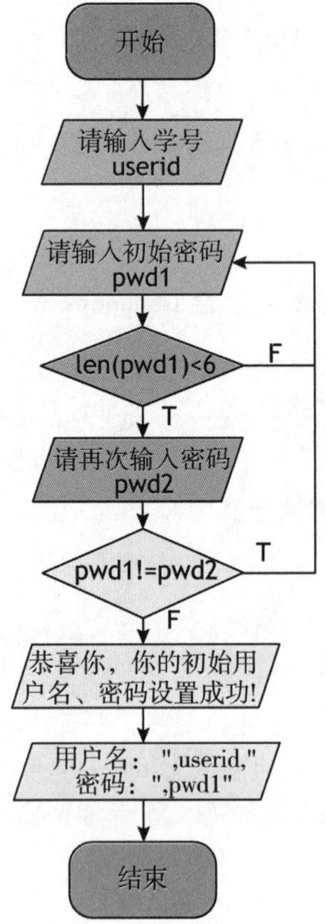

图4-5　用户注册流程图

程序4-4 用户注册

```
userid=input("请输入学号:")
pwd1=input("请输入初始密码:")
while (len(pwd1) < 6):
    print("密码至少6位")
    pwd1 = input("请输入初始密码:")
pwd2=input("请再次输入密码:")
while (pwd1!=pwd2):
    pwd1 = input("请输入初始密码:")
    pwd2 = input("请再次输入密码:")
print("恭喜你,你的初始用户名、密码设置成功!")
print("用户名:",userid,"密码:",pwd1)
```

四、任务拓展

(一)while用于不确定循环次数的循环

1. 考拉兹猜想

考拉兹猜想(Collatz conjecture),又称奇偶归一猜想,3n+1猜想、冰雹猜想、角谷猜想、哈塞猜想、乌拉姆猜想或叙拉古猜想。

(1)对于每一个正整数,如果它是奇数,则对它乘3再加1;如果它是偶数,则对它除以2,如此循环,最终都能够得到1。

(2)如n=6,得出序列6,3,10,5,16,8,4,2,1。

对于上述文字,我们通过代码进行更好的体会。

程序流程图如图4-6所示。

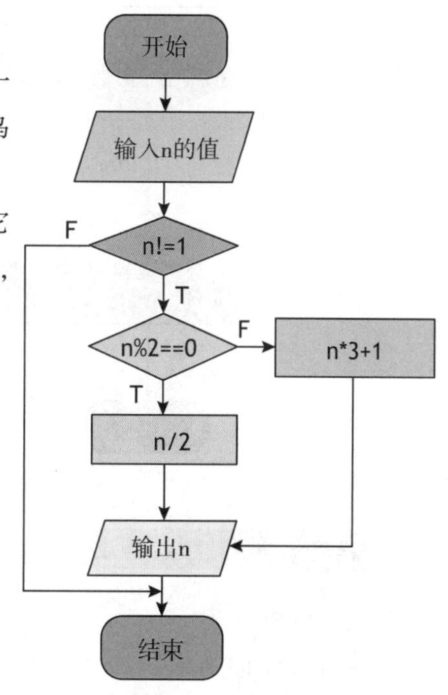

图4-6 考拉兹猜想程序流程图

程序4-5　考拉兹猜想

```
n = 6
while n != 1:
    if n % 2==0:
        n /= 2
    else:
        n = 3 * n + 1
    print(n)
```

2. 猜数字程序

随机生成一个整数a,输入你的猜测数b,对a,b进行比较,通过提示猜出数a。

程序流程图如图4-7所示。

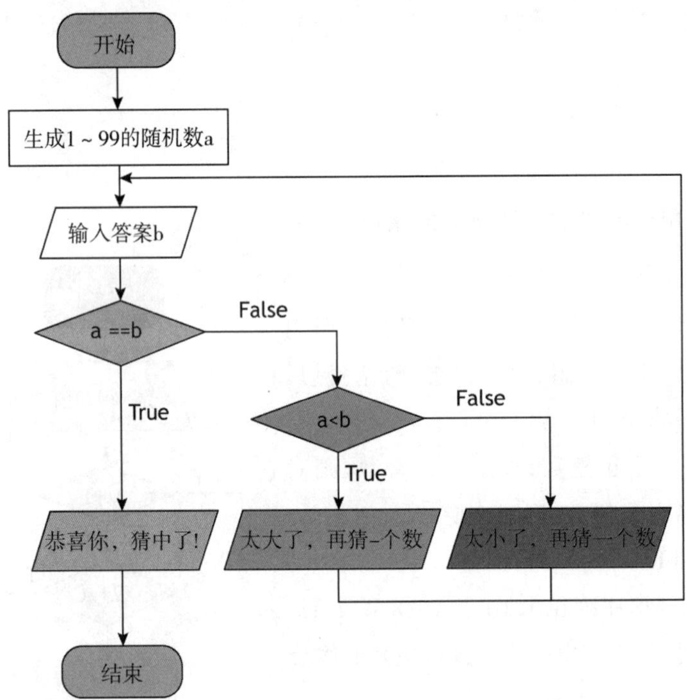

图4-7　猜数字游戏流程图

程序4-6　猜数字游戏

```
import random
random.random()
a=random.random(0,99)
```

```
b=int(input("请输入一个数"))
while  a!=b:
    if  a  >  b:
        print('太小了')
        b  =  eval(input( '再猜一个数：'))
    elif  a  <  b:
        print( '太大了 ')
        b  =  eval(input( '再猜一个数：'))
print( '恭喜你,猜中了！')
```

(二)用于确定范围的循环

while循环中通常包含了循环变量初值、循环条件、循环体、循环变量的变化这四个关键点。在计算s=1+2+3+...+n的和(其中n由键盘输入)中,可以看到值从1变到n,这是一个循环过程,先设计变量s为0,再设计一个循环变量m,它循环n次,每次把m的值加1,并累积到变量s中去,就可以计算出结果,程序流程图如图4-8所示。

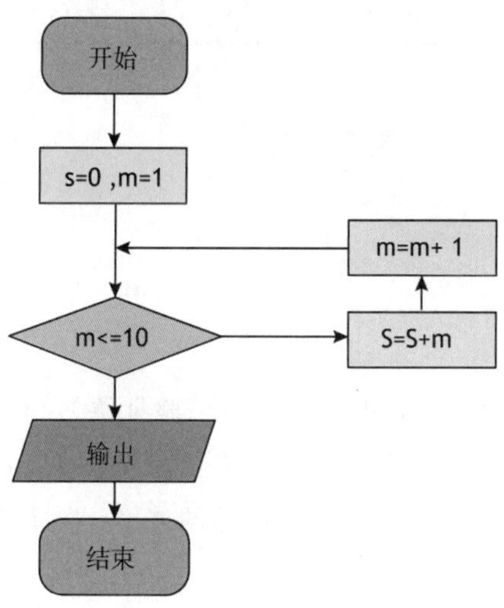

图4-8　1-n累加和流程图

程序4-7　1-10累加和

```
s=0
m=1
while  m<=10:
    s=s+m
```

```
    m=m+1
print(s)
```

为了更好地理解循环体内的过程，对程序4-7中的变量进行分析，运行过程中变量的值如表4-1所示。

表4-1 程序中的变量分析

s初值	m初值	条件是否执行	s=s+m后的值	m=m+1后的值
0	1	T	1	2
1	2	T	3	3
3	3	T	6	4
6	4	T	10	5
10	5	T	15	6
15	6	T	21	7
21	7	T	28	8
28	8	T	36	9
36	9	T	45	10
45	10	T	55	11
		F		

for循环

任务二 模拟用户登录验证

一、任务描述

模拟实现银行账号完整注册(用户名、密码、验证码)及登录，如果账号正确则登录，否则限制登录24小时后可再次登录，此处为方便测试用3分钟代替，直到用户名和密码都正确。要解决倒计时问题，就要用到for循环的嵌套，学习嵌套结构之前，先学习for循环，下面进入for循环的学习。

二、知识链接：for循环结构

```
for i in range(变量的初值，变量的终值，步长):
        语句块
```

循环结构的主流程如图4-9所示。

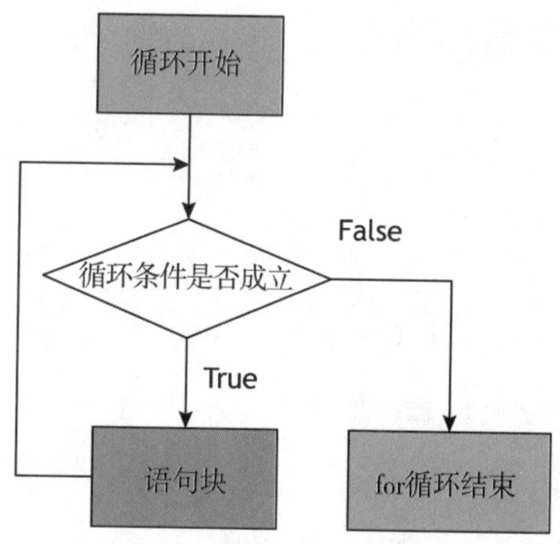

图 4-9 循环结构的主流程

如 for i in range(1,10,1):

```
    print(i)
```

for i in range(1,10,1)等同于这三条语句:i=1,i<10, i=i+1。

关于 for i in range(变量的初值,变量的终值,步长)中缺省值的情况,见程序 4-8。

程序 4-8 for循环中缺省参数情况

```
import random
random.random
a = random.randint(1, 99)
print(a)
x = 1
b = eval(input('请输入你猜的数:'))
for i in range(3):#i 范围为 0-2
    print(i)#输出 0,1,2
for i in range(1,3):#i 范围为 1-2
    print(i)#输出 1 和 2
for i in range(1,5,2):#i 从 1 开始小于 5,步长为 2
    print(i)#输出 1 和 3
for i in range(5,1,-2):#i 从 5 开始大于 1,步长为-2
    print(i)#输出 5 和 3
for i in ('python'):
    print(i)#输出 每个字符
```

程序4-9　计算1+2+3+...+10

```
s=0 #赋初值,否则无法进行加和结果的统计
for m in range(1,11,1):
    s=s+m
print(s)
```

下面通过具体的案例学习for循环的用法。

(一)贷款利息的计算

假设借款1000元,日息为1%,那么一年的本息是多少呢?

程序4-10　计算贷款本息

```
k=1000 #借款1000元
for i in range(365):
    k=k*1.01#日息1%,本息共计为K
print(k)
```

运行结果为:37783.4343328872

特别提示:远离网贷,远离校园贷,树立正确消费观。

(二)计算1-100之间的奇数和与偶数和之差

方法一:分别通过for循环计算1-100之间的奇数与偶数和,然后进行相减。

程序4-11　计算1-100之间的奇数和与偶数和之差

```
sum1=0 #奇数和
sum2=0 #偶数和
for i in range(1,101,2):
    sum1=sum1+i#奇数累加
for i in range(2,101,2):
    sum2=sum2+i#偶数累加
print("1-100的奇数和-偶数和=%d" %(sum1-sum2))
```

运行结果为:1-100的奇数和-偶数和=-50

方法二:通过给变量乘以-1,实现奇数-偶数。

程序 4-12 计算1-100之间的奇数和与偶数和之差

```
k=-1
s=0
for i in range(1,101):
    k = k * -1#变号
    s=s+i*k
print("1-100的奇数和-偶数和=%d" %(s))
```

运行结果为：1-100的奇数和-偶数和=-50

（三）计算 2+22+222+2222+22222

分析：可以通过循环依次得到2、22、222等数字，然后进行累加。

程序 4-13 计算2+22+222+2222+22222

```
x=0
i=5
c=0
for m in range(1,i+1,1):
    x=x*10+2
    c=c+x
print("2+22+...+22222=%d" %(c))
```

运行结果：2+22+...+22222=24690

（四）计算 1！+2！+3！+......+10！

分析：通过循环计算出阶乘的值，然后再进行累加。

程序 4-14 计算 1！+2！+3！+......+10！

```
k=0 #累加和的初值
p=1#阶乘变量的初值
for i in range(1,11,1):
    k=k+i#统计累加的和
    p=p*i
print(k)#输出累加和的结果
print(p)#输出阶乘的结果
```

运行结果：55
3628800

（五）打印该年度的日历

分析：通过import calendar导入日历库，输入年份和需要的月份即可，程序中显示的为10、11月日历，若想改变显示月数可以自行修改range范围。

程序4-15 输入年份打印该年度和对应月份的日历

```
import calendar
yy=int(input("input year:"))
for mm in range(10,12):
    print(calendar.month(yy,mm))
```

运行结果如图4-10所示。

```
input year：2022
    October 2022
Mo Tu We Th Fr Sa Su
                1  2
 3  4  5  6  7  8  9
10 11 12 13 14 15 16
17 18 19 20 21 22 23
24 25 26 27 28 29 30
31
```

```
   November 2022
Mo Tu We Th Fr Sa Su
    1  2  3  4  5  6
 7  8  9 10 11 12 13
14 15 16 17 18 19 20
21 22 23 24 25 26 27
28 29 30
```

图4-10 打印2022年10-11月日历

（六）打印进度条

分析：通过图案与显示百分比模拟任务进度条。

程序4-16 打印任务进度条

```
for i in range(scale+1):
    a= ' '*i
    b= '< '*(scale-i)
    c=(i/scale)*100
    dur=time.perf_counter()-start
    print("{:^3.0f}%[{}✈{}]".format(c,a,b))
    time.sleep(0.1)
print("\n"+"执行结束".center(scale//2,"-"))
```

运行结果如图4-11所示。

```
-----------执行开始----------
 0 %[✈<<<<<<<<<<<<<<<<<<<<<<<<<<<<<<<<<<<<<<<<<<<<<<<<<<]
 2 %[💨✈<<<<<<<<<<<<<<<<<<<<<<<<<<<<<<<<<<<<<<<<<<<<<<<<<]
 4 %[💨💨✈<<<<<<<<<<<<<<<<<<<<<<<<<<<<<<<<<<<<<<<<<<<<<<<<]
 6 %[💨💨💨✈<<<<<<<<<<<<<<<<<<<<<<<<<<<<<<<<<<<<<<<<<<<<<<<]
 8 %[💨💨💨💨✈<<<<<<<<<<<<<<<<<<<<<<<<<<<<<<<<<<<<<<<<<<<<<<]
10 %[💨💨💨💨💨✈<<<<<<<<<<<<<<<<<<<<<<<<<<<<<<<<<<<<<<<<<<<<<]
12 %[💨💨💨💨💨💨✈<<<<<<<<<<<<<<<<<<<<<<<<<<<<<<<<<<<<<<<<<<<<]
14 %[💨💨💨💨💨💨💨✈<<<<<<<<<<<<<<<<<<<<<<<<<<<<<<<<<<<<<<<<<<<]
16 %[💨💨💨💨💨💨💨💨✈<<<<<<<<<<<<<<<<<<<<<<<<<<<<<<<<<<<<<<<<<<]
18 %[💨💨💨💨💨💨💨💨💨✈<<<<<<<<<<<<<<<<<<<<<<<<<<<<<<<<<<<<<<<<<]
20 %[💨💨💨💨💨💨💨💨💨💨✈<<<<<<<<<<<<<<<<<<<<<<<<<<<<<<<<<<<<<<<<]
```

图4-11　进度条程序运行结果

（七）字典与循环——字符统计

分析：通过字典推导式实现字符统计并返回字典，显示统计结果。

程序4-17　字符统计

```
myc="我和我的祖国"
counts={}
for c in myc:
    counts[c]=counts.get(c,0)+1#使用字典推导式实现字符统计并返回字典
max_c=max(zip(counts.values(),counts.keys()))#统计最大或者最小值时需要先将键和值进行反转，用zip()
print("max_c:",max_c)
min_d=min(zip(counts.values(),counts.keys()))
print("min_d:",min_d)
c_stord=sorted(zip(counts.values(),counts.keys()))#排序也是同样，这里只能用排序副本
print("c_stord:",c_stord)
```

运行结果：

```
max_c: (2, '我')
min_d: (1, '和')
c_stord: [(1, '和'), (1, '国'), (1, '的'), (1, '祖'), (2, '我')]
```

（八）列表与循环——删除数字列表中的奇数

1. 删除奇数后的列表

方法一：生成50个随机数存入列表x，然后依次对50个数进行判断，如果是奇数就删除。这里特别要注意的是因为删除后数组值产生了变化，下标也随之改变，如果从(0,

50)会出现超出范围的问题,但是从大到小就不存在范围超限的问题。

程序 4-18 删除列表中的奇数

```
import random
x = []
#生成 10 个 0~50 的随机数
for i in range(10):
    x.append(random.randint(0,50))
print("随机生成的数的列表:",x)
#判断删除
for i in range(9,-1,-1):
        if x[i]%2!=0:
            del x[i] #用remove也是同理
print("删除奇数之后的列表:",x)
```

运行结果:

```
随机生成的数的列表: [6, 18, 3, 0, 36, 32, 39, 36, 47, 48]
删除奇数之后的列表: [6, 18, 0, 36, 32, 36, 48]
```

方法二: 为避免删除出现异常,可再创建一个空列表 y,将偶数存入列表 y 中,打印 y 的值即可。

程序 4-19 将偶数存入新列表

```
import random
x = []
y=[]
#生成10个0~50的随机数
for i in range(10):
    x.append(random.randint(0,50))
print("随机生成的数的列表:",x)
#判断删除
for i in range(0,10):
        if x[i]%2==0:
            y.append(x[i])
print("删除奇数之后的列表:",y)
```

运行结果：

```
随机生成的数的列表： [32, 26, 25, 30, 4, 30, 13, 38, 45, 5]
删除奇数之后的列表： [32, 26, 30, 4, 30, 38]
```

三、任务实现

注册成功后进行登录，需输入用户名、密码、验证码。如果登录信息输入正确，则账号正确登录。若登录信息输入错误，且登录次数小于三次，则重新输入登录信息；若登录次数大于等于三次，则需要限制登录三分钟后才能再次登录。过程如图4-12所示：

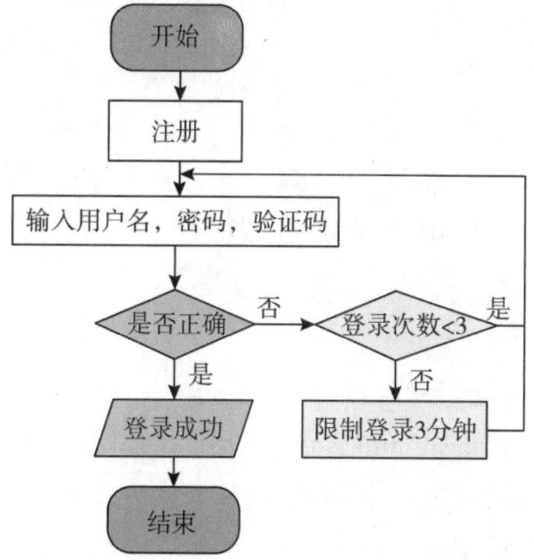

图4-12　登录判断流程图

程序4-20　安全账户登录

```
import random
import re #re模块主要功能是通过正则表达式来匹配处理字符串
x=0#判断是否超出次数的变量
userid=input("请输入用户名:")
pwd1=input("请输入初始密码:")
test_str = re.search(r"@", pwd1)#查询包含_的字符
#re.search函数会在字符串内查找模式匹配,只要找到第一个匹配然后返回,如果字符串没有匹配,则返回None
while (len(pwd1) < 6 or test_str== None ):
    print("密码长度低于6位或无@字符")
    pwd1 = input("请输入初始密码:")
```

```
        test_str = re.search(r"@", pwd1)
pwd2=input("请再次输入密码:")
while (pwd1!=pwd2):
        pwd1 = input("请输入初始密码:")
        pwd2 = input("请再次输入密码:")
print("恭喜你,你的初始用户名、密码设置成功!")
pwd=pwd1
print("请进行登录:")
for x in range(1,4):#x的初值为0且<3,限定了输入次数为三次
    a = input("请输入账号:")
    b=input("请输入密码:")
    #生成验证码
    s = chr(random.randint(65, 90))+chr(random.randint(97, 122))+chr(random.randint
(48, 57))+chr(random.randint(65, 90))    # 验证码
    print(s)
    x=x+1
    c = input("请输入验证码:")
    if (a==userid and b==pwd and c==s):
        print('ok,允许登录,请完成下列内容:')
        print( '----for循环学习-----')
        print( '----循环嵌套学习-----')
        break
    else:
        print('worng')
        if(x==3):
            print("超出当日可输入次数! ")
            print("10分钟后再次尝试! ")
        else:
            print("继续尝试")
```

测试结果见表4-2。

表4-2　单元测试记录

单元测试记录					
测试人员	***	测试时间	2022.10.25	功能模块名称	注册登录
功能描述	注册登录测试		测试目的	条件覆盖是否完整	
测试步骤	用例编号	输入数据	预期结果	测试结果	说明
Step1	1	xxx 123456	密码长度低于6位或无@字符	请输入用户名：xxx 请输入初始密码：123456 密码长度低于6位或无@字符	
	2	xxx @1234	密码长度低于6位或无@字符	请输入用户名：xxx 请输入初始密码：@1234 密码长度低于6位或无@字符	
	3	xxx 5678	密码长度低于6位或无@字符	请输入用户名：xxx 请输入初始密码：5678 密码长度低于6位或无@字符	
	4	xxx @45678	初始用户名、密码设置成功	请输入用户名：xxx 请输入初始密码：@45678 密码长度低于6位或无@字符 请输入初始密码：@45678 请再次输入密码：@45678 恭喜你，你的初始用户名、密码设置成功！	
Step1	5	xxx @345678	输入账号和密码	请进行登录： 请输入账号：xxx 请输入密码：@345678 Tu5T 请输入验证码：tu5t worng 继续尝试	
	6	xxx @12456	输入账号和密码	请输入账号：xxx 请输入密码：@12456 T10G 请输入验证码：t01g worng 继续尝试	
	7	xxx @12476	输入账号和密码	请输入账号：xxx 请输入密码：@12476 Yk7U 请输入验证码：yk7u worng 超出当日可输入次数！ 10分钟后再次尝试！	
Step2	8	xxx @55637	初始用户名、密码设置成功	请输入用户名：xxx 请输入初始密码：@55637 密码长度低于6位或无@字符 请输入初始密码：@55637 请再次输入密码：@55637 恭喜你，你的初始用户名、密码设置成功！	
	9	xxx @12456	输入账号和密码	请输入账号：xxx 请输入密码：@12456 T10G 请输入验证码：t01g worng 继续尝试	
	10	xxx @12345	允许登录	请进行登录： 请输入账号：xxx 请输入密码：@12345 Sc30 请输入验证码：Sc30 ok,允许登录，请完成下列内容： ----for循环学习----- ----循环嵌套学习-----	

任务三　实现倒计时功能

循环嵌套

通过前面的学习，我们实现了登录账号的注册，在注册中要求密码长度大于6位、密码中要包含特殊字符、两次密码一致的判断。实现注册后，进行账号登录，如果密码错误，尝试次数不得超过三次，超过后账号被锁定。例如，银行卡输入三次错误密码后24小时内不允许登录。下面我们就通过模拟三分钟倒计时的程序来学习循环嵌套。

一、任务分析

简单地说，循环里面再嵌套一重循环叫做双重循环，嵌套两层以上的叫多重循环。Python程序单层循环结构常常难以解决更加复杂的问题，这就要求我们进一步学会使用循环语句的嵌套结构来处理相对复杂的问题。

通过前面的学习，我们知道Python循环结构主要有for循环和while循环。可以将while循环结构嵌套进for循环结构中，也可以将for循环结构嵌套进while循环结构里。嵌套循环通常包括内循环和外循环，执行规律为：外循环执行一次，内循环执行一轮。下面以三分钟倒计时程序为例，分析内外循环的执行过程。

生活中形象的内外循环可以用钟表来表示，钟表的计时规则是秒针走一圈，分针走动一格，因此，可以将分钟数设置为外循环，秒数设置为内循环，循环体内依次输出分钟数和秒数。模拟倒计时2分钟的程序流程如图4-13所示。

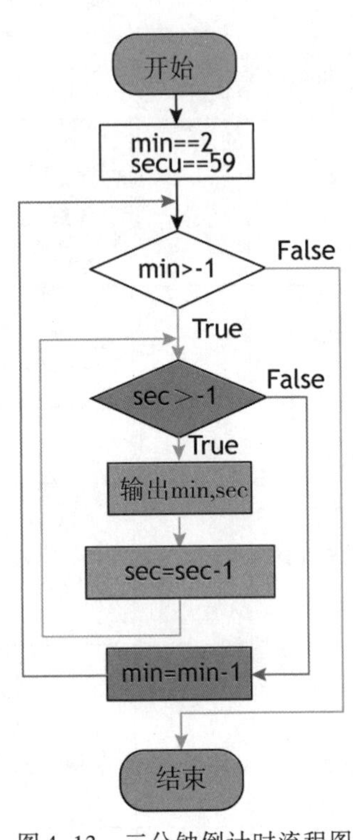

图4-13　三分钟倒计时流程图

二、任务实现

根据计时规则，外循环的分钟数和内循环的秒数都是已知循环次数的循环，因此可以用for循环，由于是三分钟倒计数，因此外循环写为for min in range(2,-1,-1)，也就是说外循环从2开始，循环条件为i大于负1，由于是从大到小，所以步长为-1，这样就实现了变量min从2到0的过程。

下面来看内循环，由于内循环控制秒数，秒针的变化范围为0~59，因此内循环写为for sec in range(59,-1,-1)这样就实现了变量sec从59到0的过程。

内循环的循环体为输出分钟数和秒数，为了输出的时间格式比较整齐，当秒数小于

10时，输出格式中增加了0，如果秒数大于等于10，则直接输出。

程序4-21　模拟倒计时3分钟

```
#模拟倒计时三分钟
import time
min=3
sec=0
print("%d:0%d"%(min,sec))
for min in range(2,-1,-1):
    for sec in range(59,-1,-1):
        time.sleep(1)
        if sec < 10:
            print("%d:0%d" % (min, sec))
        else:
            print("%d:%d" % (min, sec))
```

程序中，min变量的初值为2，外循环的条件为min>-1，满足条件进入循环体，内循环sec的初值为59，循环条件为sec>-1，59大于-1，满足条件，则输出2分59秒，由于步长为-1，此时sec变为58，58大于-1，满足条件，继续执行循环体，则输出2分58秒，依次类推，当sec执行到0时，输出2分0秒，此时sec变为-1，不满足内循环sec>-1的条件，因此退出内循环，进入外循环，min变量执行min-1，此时，min变量为1，1大于-1，满足循环条件，则进入内循环，此时，内循环初值为59，因此又会执行一圈，直到sec为-1，退出内循环再次进入外循环，外循环min变量为0，0大于-1，继续内循环，sec再次从59执行到0。当sec为-1时，退出内循环，进入外循环，min变量从0变为-1，此时不再满足min大于-1的条件，则整个循环结束。

具体执行过程见表4-3。

表4-3　执行过程

外循环变量min的初值	是否满足条件(min>-1)	内循环变量sec的初值	是否满足条件(sec>-1)	执行结果	执行后内循环变量的值	执行后外循环变量min的值
min=2	是	sec=59	是	输出min,sec	sec=58	
		sec=58	是	输出min,sec	sec=57	min=1
		……	……	输出min,sec	sec=-1	min=1
		sec=-1	否	退出内循环		
min=1	是	sec=59	是	输出min,sec	sec=58	min=0
		sec=58	是	输出min,sec	sec=57	min=0

续表

外循环变量min的初值	是否满足条件(min>-1)	内循环变量sec的初值	是否满足条件(sec>-1)	执行结果	执行后内循环变量的值	执行后外循环变量min的值
		……	……	输出 min,sec	sec=-1	
		sec=-1	否	退出内循环		
min=0	是	sec=59	是	输出 min,sec	sec=58	min=-1 min=-1
		sec=58	是	输出 min,sec	sec=57	
		...	是	输出 min,sec	sec=-1	
		sec=-1	否	退出内循环		
min=-1	否	退出外循环				

运行结果如下：

```
3:00
2:59
2:58
2:57
2:56
2:55
2:54
2:53
```

直到显示**0:00**程序结束。

三、任务拓展

(一)输出九九乘法表

程序流程图如图4-14所示：

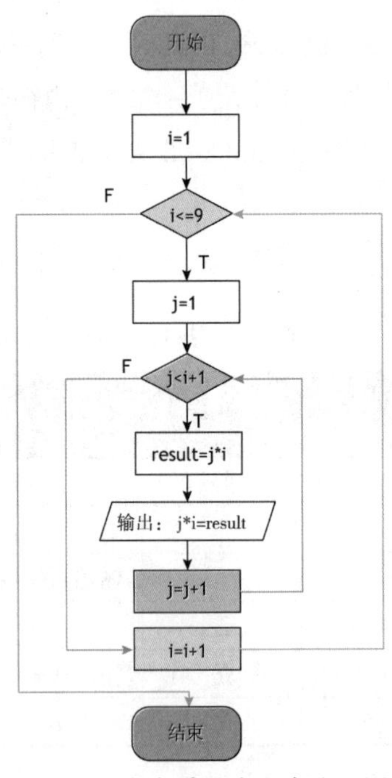

图4-14 九九乘法表程序流程图

程序 4-22　九九乘法表

```
for i in range(1, 10):
    for j in range(1, i+1):
        print("%d*%d=%2d" % (i, j, i * j), end=" ")
    print("\n") #换行
```

运行结果如下：

```
1*1= 1

2*1= 2 2*2= 4

3*1= 3 3*2= 6 3*3= 9

4*1= 4 4*2= 8 4*3=12 4*4=16

5*1= 5 5*2=10 5*3=15 5*4=20 5*5=25

6*1= 6 6*2=12 6*3=18 6*4=24 6*5=30 6*6=36

7*1= 7 7*2=14 7*3=21 7*4=28 7*5=35 7*6=42 7*7=49

8*1= 8 8*2=16 8*3=24 8*4=32 8*5=40 8*6=48 8*7=56 8*8=64

9*1= 9 9*2=18 9*3=27 9*4=36 9*5=45 9*6=54 9*7=63 9*8=72 9*9=81
```

(二)输出三角形

程序 4-23　输出的直角三角形

```
for i in range(1, 5):
    for j in range(1, i+1):
        print("*", end=" ")
print("\n") #换行
```

运行结果如下：

```
*

* *

* * *

* * * *
```

程序 4-24　输出倒三角形

```
for i in range(5, 1,-1):
    for j in range(1, i):
        print("*", end=" ")
print("\n")
```

运行结果如下：

```
* * * *
* * *
* *
*
```

程序 4-25　输出等腰三角形

```
for i in range(1,7):
    for j in range(1,17-i):
        print(" ",end=" ") #控制空格的输出
    for j in range(1,((2*i-1))+1):
        print("*",end=" ") #控制*的输出
print(" ")
```

运行结果如下：

```
          *
        * * *
      * * * * *
    * * * * * * *
  * * * * * * * * *
* * * * * * * * * * *
```

程序 4-26　输出沙漏形状

```
for i in range(8,0,-1):
    for j in range(1,20-i):
```

```
        print(" ",end=" ")
    for j in range(1,((2*i-1))+1):
        print("*",end=" ")
    print(" ")
for i in range(1,9):
    for j in range(1,20-i):
        print(" ",end=" ") #控制空格的输出
    for j in range(1,((2*i-1))+1):
        print("*",end=" ") #控制*的输出
    print(" ")
```

运行结果如下：

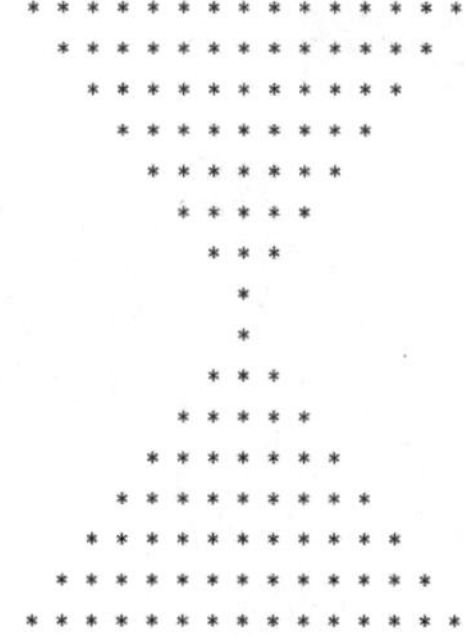

(三)输出扑克牌程序

模拟输出扑克牌中的A-K对应的四种花色图。

程序4-27　扑克牌

```
num1 =["A"]#定义列表num1
num2 = list(range(2, 11))#定义列表num2,为数值型
num1.extend(num2)#在num1后连接num2,为新的列表num1
num1.extend("JQK")
col=(9824,9827,9829,9830)#四种花色对应图案的ASC值
for i in range(0,4):
    for j in range(0,13):
        print(str(num1[j])+chr(col[i]),end="")
        if j==12:#四个一换行
            print("\n")
```

运行结果如下：

A♠2♠3♠4♠5♠6♠7♠8♠9♠10♠J♠Q♠K♠

A♣2♣3♣4♣5♣6♣7♣8♣9♣10♣J♣Q♣K♣

A♥2♥3♥4♥5♥6♥7♥8♥9♥10♥J♥Q♥K♥

A♦2♦3♦4♦5♦6♦7♦8♦9♦10♦J♦Q♦K♦

项目实现

四、安全账户的注册、登录实现

模拟实现银行账号完整注册(用户名，密码，验证码)及登录，如果账号正确则登录，否则限制登录24小时后可再次登录，此处为方便测试用三分钟代替，直到用户名密码正确。

程序4-28　安全账户的注册、登录

```
import time
import random
import re #re模块主要功能是通过正则表达式来匹配处理字符串
x=0#判断是否超出次数的变量
#实现注册功能
userid=input("请输入用户名:")
pwd1=input("请输入初始密码:")
test_str = re.search(r"@", pwd1)#查询包含_的字符
#re.search 函数会在字符串内查找模式匹配,只要找到第一个匹配然后返回,如果字符串没有匹配,则返回None
while (len(pwd1) < 6 or test_str== None ):
    print("密码长度低于6位或无@字符")
    pwd1 = input("请输入初始密码:")
    test_str = re.search(r"@", pwd1)
pwd2=input("请再次输入密码:")
while (pwd1!=pwd2):
    pwd1 = input("请输入初始密码:")
    pwd2 = input("请再次输入密码:")
print("恭喜你,你的初始用户名、密码设置成功!")
```

```
pwd=pwd1
#进行登录
while (1):#登录功能的无限循环
    print("请进行登录：")
    for x in range(1,4):#x的初值为0且<3，限定了输入次数为三次
        a = input("请输入账号：")
        b=input("请输入密码：")
        #生成验证码
        s = chr(random.randint(65, 90))+chr(random.randint(97, 122))+chr(random.
randint(48, 57))+chr(random.randint(65, 90))  # 验证码
        print(s)
        c = input("请输入验证码：")
        if (a==userid and b==pwd and c==s):
            print('ok,允许登录，请完成下列内容：')
            print('----for循环学习-----')
            print('----循环嵌套学习-----')
            break
        else:
            print('用户名或密码错误')
            if(x==3):
                print("超出当日可输入次数！")
                print("封号三分钟！")
                #模拟倒计时三分钟
                min = 0#外循环变量控制分钟
                sec = 0#内循环变量控制秒数
                for min in range(2, -1, -1):
                    for sec in range(59, -1, -1):
                        time.sleep(1)
                        if sec < 10:
                            print("%d:0%d" % (min, sec))
                        else:
                            print("%d:%d" % (min, sec))
            print("封号时间到请再次尝试")
```

```
        else:
            print("继续尝试")
```

测试结果见表4-4。

表4-4 单元测试记录

单元测试记录					
测试人员	***	测试时间	2022.10.25	功能模块名称	注册登录
功能描述	注册登录测试		测试目的	条件覆盖是否完整	
测试步骤	用例编号	输入数据	预期结果	测试结果	说明
Step1	1	xxx 123456	密码长度低于6位或无@字符	请输入用户名：xxx 请输入初始密码：123456 密码长度低于6位或无@字符	
	2	xxx @1234	密码长度低于6位或无@字符	请输入用户名：xxx 请输入初始密码：@1234 密码长度低于6位或无@字符	
	3	xxx 5678	密码长度低于6位或无@字符	请输入用户名：xxx 请输入初始密码：5678 密码长度低于6位或无@字符	
	4	xxx @45678	初始用户名、密码设置成功	请输入用户名：xxx 请输入初始密码：@45678 密码长度低于6位或无@字符 请输入初始密码：@45678 请再次输入密码：@45678 恭喜你，你的初始用户名、密码设置成功！	
Step2	5	xxx @345678	输入账号和密码	请进行登录： 请输入账号：xxx 请输入密码：@345678 Cs7D 请输入验证码：cs7d 用户名或密码错误 继续尝试	
	6	xxx @12456	输入账号和密码	请输入账号：xxx 请输入密码：@12456 Vz6U 请输入验证码：vzu6 用户名或密码错误 继续尝试	
	7	xxx @12476	输入账号和密码	请输入账号：xxx 请输入密码：@12476 Fy9U 请输入验证码：fy9u 用户名或密码错误 超出当日可输入次数！ 封号三分钟！ 封号时间到请再次尝试	
Step3	8	xxx @55637	初始用户名、密码设置成功	请输入用户名：xxx 请输入初始密码：@55637 密码长度低于6位或无@字符 请输入初始密码：@55637 请再次输入密码：@55637 恭喜你，你的初始用户名、密码设置成功！	

续表

单元测试记录				
9	xxx @12456	输入账号和密码	请输入账号：xxx 请输入密码：@12456 Vz6U 请输入验证码：vzu6 用户名或密码错误 继续尝试	
10	xxx @123456	允许登录	请输入账号：xxx 请输入密码：@123456 Wg0H 请输入验证码：Wg0H ok，允许登录，请完成下列内容： ----for循环学习----- ----循环嵌套学习-----	

任务四 break 和 continue 语句

就像选择结构可以嵌套一样，循环结构也可以进行嵌套，可以将 while 循环结构嵌套进 for 循环结构了，也可以将 for 循环结构嵌套进 while 循环结构里。

for 嵌套进 while 的循环结构如下：

```
while 表达式：
for 循环结构
```

while 嵌套进 for 的循环结构如下：

```
for x in object：
while 循环结构
```

continue、break 以及 pass 语句也可以添加到嵌套的循环结构里，但是一定要搞清楚语句的作用域，break 语句只能跳出离它最近的那个 while 或 for 循环结构，不能结束整个循环结构。同理 continue 也是只能回到离它最近的那个 while 或 for 循环结构的开头，而不是整个循环结构的开头。

break 和 continue 语句需要嵌套在循环结构中才能起作用。break 语句用来跳出所在的最近的一个循环结构，而 continue 语句则是跳到所在的最近的循环结构的首行，即开头处重新判断条件，下面举例讲解。

例如循环显示数字 0~5。

程序 4-29 打印数字 0~5

```
x = 0
while True:
    if x > 5:
        break
```

```
    print(x, end=' ')
    x=x+1
```

运行结果：

0 1 2 3 4 5

在这里虽然用了while True是一个无限循环，但因为当x>5后，break语句执行，跳出了这个无限循环。

任务五 异常处理

Python的异常处理能力是很强大的，它有很多内置异常，可向用户准确反馈出错信息。

在Python中，异常也是对象，可对它进行操作。BaseException是所有内置异常的基类，但用户定义的类并不直接继承BaseException，所有的异常类都是从Exception继承，且都在exceptions模块中定义。

Python自动将所有异常名称放在内建命名空间中，所以程序不必导入exceptions模块即可使用异常。一旦引发而且没有捕捉SystemExit异常，程序执行就会终止。

当发生异常时，我们就需要对异常进行捕获，然后进行相应的处理。Python的异常捕获常用try…except…结构，把可能发生错误的语句放在try模块里，用except来处理异常，每一个try，都必须至少对应一个except。此外，与Python异常相关的关键字见表4-5。

表4-5 单元测试记录

关键字	关键字说明
try/except	捕获异常并处理
pass	忽略异常
as	定义异常实例(except MyError as e)
else	如果try中的语句没有引发异常，则执行else中的语句
finally	无论是否出现异常，都执行的代码
raise	抛出/引发异常

程序4-30 两个数相除的异常处理

```
try:
    a= int( input('请输入第一个数:'))
    b = int(input('请输入第二个数:'))
    res = a/b
```

```
except BaseException as e:
    print('出错了',e)
else:
    print( '计算结果为:  ', res)
finally:
    print("无论是否产生异常,总会被执行的代码")
print("程序结束")
```

运行结果如下:

```
请输入第一个数:2
请输入第二个数:0
出错了 division by zero
无论是否产生异常，总会被执行的代码
程序结束

请输入第一个数:2
请输入第二个数:4
计算结果为:  0.5
无论是否产生异常，总会被执行的代码
程序结束
```

任务六 随机数的多题加法运算

分析:通过循环生成题目的数量,然后再判断是否正确,如果正确则加分,最后显示分数及答题时间。程序流程图如图4-15所示。

程序 4-31 随机数的多题加法运算

```
#多次出题加成绩统计
import datetime  #导入库函数
import random
random.random()
grade=0
now_time = datetime.datetime.now()
print("当前时间是:",now_time)#秒数上有小数点
print("开始答题时间:",end="")
t1=datetime.datetime.now()
print(t1.strftime( '%Y-%m-%d     %H:%M:%S '))#格式化显示后更清晰
```

```
for i in range(1, 11):#特别要注意缩进,缩进表示了程序之间的层级关系
    a=random.randint(0,99)
    b=random.randint(0,99)
    print("%d+%d"%(a,b))#连续输出多个数值
    key=eval(input("你的答案是"))
    if key == a + b:
        print("You are right!")
        grade=grade+10
    else:
        print("You are wrong!")
print("结束答题时间:",end="")#不换行输出
t2=datetime.datetime.now()
print(datetime.datetime.now().strftime( '%Y-%m-%d    %H:%M:%S '))#格式化显示后更清晰
print("本次答题用时:",end="")
print((t2-t1).seconds,"秒")#.seconds 获取秒数部分,.hours 获取小时部分,.day 获取天数部分
print("本次答题得分:",grade,"分")
```

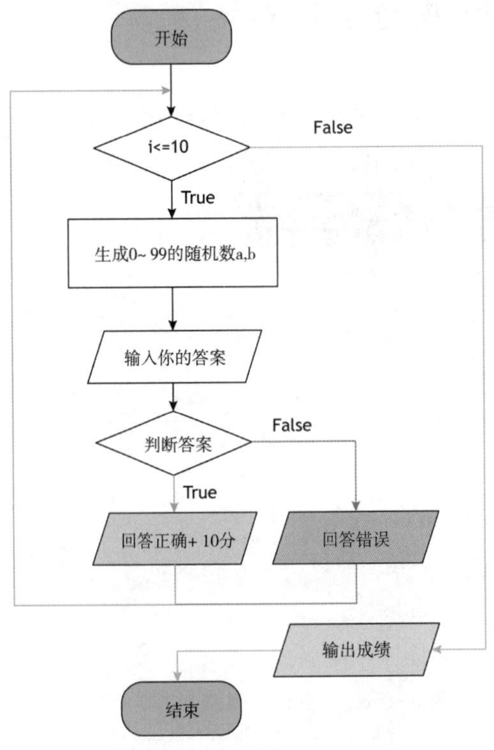

图4-15　随机数的多题加法运算流程图

将程序修改为4道题，每题25分的运行结果如下：

```
当前时间是： 2023-01-15 13:25:34.153012
开始答题时间：2023-01-15   13:25:34
93+62
你的答案是155
You are right!
10+95
你的答案是105
You are right!
60+76
你的答案是132
You are wrong!
3+91
你的答案是94
You are right!
结束答题时间：2023-01-15   13:25:54
本次答题用时：20 秒
本次答题得分： 75 分

Process finished with exit code 0
```

此题可以扩展为随机数的多题任意运算。

任务七　看字组词

对题目给出的四个字进行组词，每个成语有三次猜测机会，若在三次内没有猜出正确答案，则系统自动输出正确答案。

程序 4-32　看字组词

```
import random
WORDS = ("居安思危","防微杜渐", "固若金汤", "防微杜渐",  "安如磐石",
"警钟长鸣", "治国安邦", "稳如泰山")
right = 'Y '
print("欢迎进入成语练习！ ")
ready = input("进入成语练习，准备好了吗 (y/Y or n/N)?")
if ready ==  'y '  or ready ==  'Y ':
    print("在提供的汉字中拼成正确的成语，并且每次只有3次机会!，你准备好
了吗")
    while right == 'Y '  or right == 'y ':
        word = random.choice(WORDS)
```

```
        correct = word
        newword = ''
        while word:
            pos = random.randrange(len(word))
            newword += word[pos]
            # 将word单词下标为pos的字母去掉,取pos前面和后面的字母组成新的word
            word = word[:pos] + word[(pos + 1):]  # 保证随机字母出现不会重复
        print("你要猜测的成语为：", newword)
        guess = input("请输入你的答案：")
        count = 1
        while count < 3:
            if guess != correct:
                guess = input("输入的成语错误，请重新输入：")
                count += 1
            else:
                print("输入的成语正确，正确成语为：", correct)
                break
        if count == 3:
            print("您已猜错3次，正确的地名为：", correct)
        right = input("是否继续，Y/N：")
else:
    print("很遗憾，需要继续考虑，期待下次进入！ ")
```

运行结果如下：

```
欢迎进入成语练习！
进入成语练习，准备好了吗 (y/Y or n/N)?y
在提供的汉字中拼成正确的成语，并且每次只有3次机会！，你准备好了吗
你要猜测的成语为： 渐防杜微
请输入你的答案：防微渐杜
输入的成语错误，请重新输入：防渐杜微
输入的成语错误，请重新输入：微杜防渐
您已猜错3次，正确的地名为： 防微杜渐
是否继续，Y/N：y
你要猜测的成语为： 汤固若金
请输入你的答案：固若金汤
输入的成语正确，正确成语为： 固若金汤
```

课后练习

一、填空题

1. 使用列表推导式得到100以内所有能被13整除的数的代码可以写作______________________________。

2. 对于带有else子句的for循环和while循环，当循环因循环条件不成立而自然结束时______________(会？不会?)执行else中的代码。

3. 在循环语句中，______________语句的作用是提前结束本层循环。

4. 在循环语句中，______________语句的作用是提前进入下一次循环。

5. 已知字典x = {i:str(i+3) for i in range(3)}，那么表达式sum(x)的值为______________。

6. 已知字典x = {i:str(i+3) for i in range(3)}，那么表达式sum(item[0] for item in x.items())的值为______________。

7. 已知字典 x = {i:str(i+3) for i in range(3)}，那么表达式''.join([item[1] for item in x.items()])的值为______________。

8. 下面程序的执行结果是______________。

```
s = 0
for i in range(1,101):
    s += i
    if  i == 50:
        print(s)
        break
else:
    print(1)
```

9. 写出下列程序输出结果______________。

```
i=1
while i+1:
    if i>4:
        print("%d"%i)
        i+=1
        break
```

```
    print("%d"%i)
    i+=1
```

10. 下面程序的执行结果是＿＿＿＿＿＿＿＿＿＿。(1)

```
s = 0
for i in range(1,101):
    s += i
else:
    print(1)
```

二、判断题

1. 如果仅仅是用于控制循环次数，那么使用for i in range(20)和for i in range(20,40)的作用是等价的。 (　　)

2. 在循环中continue语句的作用是跳出当前循环。 (　　)

3. 带有else子句的循环如果因为执行了break语句而退出的话，则会执行else子句中的代码。 (　　)

4. 对于带有else子句的循环语句，如果是因为循环条件表达式不成立而自然结束循环，则执行else子句中的代码。 (　　)

5. 在编写多层循环时，为了提高运行效率，应尽量减少内循环中不必要的计算。 (　　)

三、编程题：

1. 编写函数，判断一个数字是否为素数，是则返回字符串YES，否则返回字符串NO。

2. 编程实现打印出所有的“水仙花数”，所谓“水仙花数”是指一个3位数，其各位数字立方和等于该数本身。例如，153是一个水仙花数，因为$153=1^3+5^3+3^3$。

3. 编程实现输出1~100之间不能被5整除的数，每行输出5个数字，要求应用字符串格式化方法(任何一种均可)美化输出格式。

项目五　凌云赛场——函数和文件

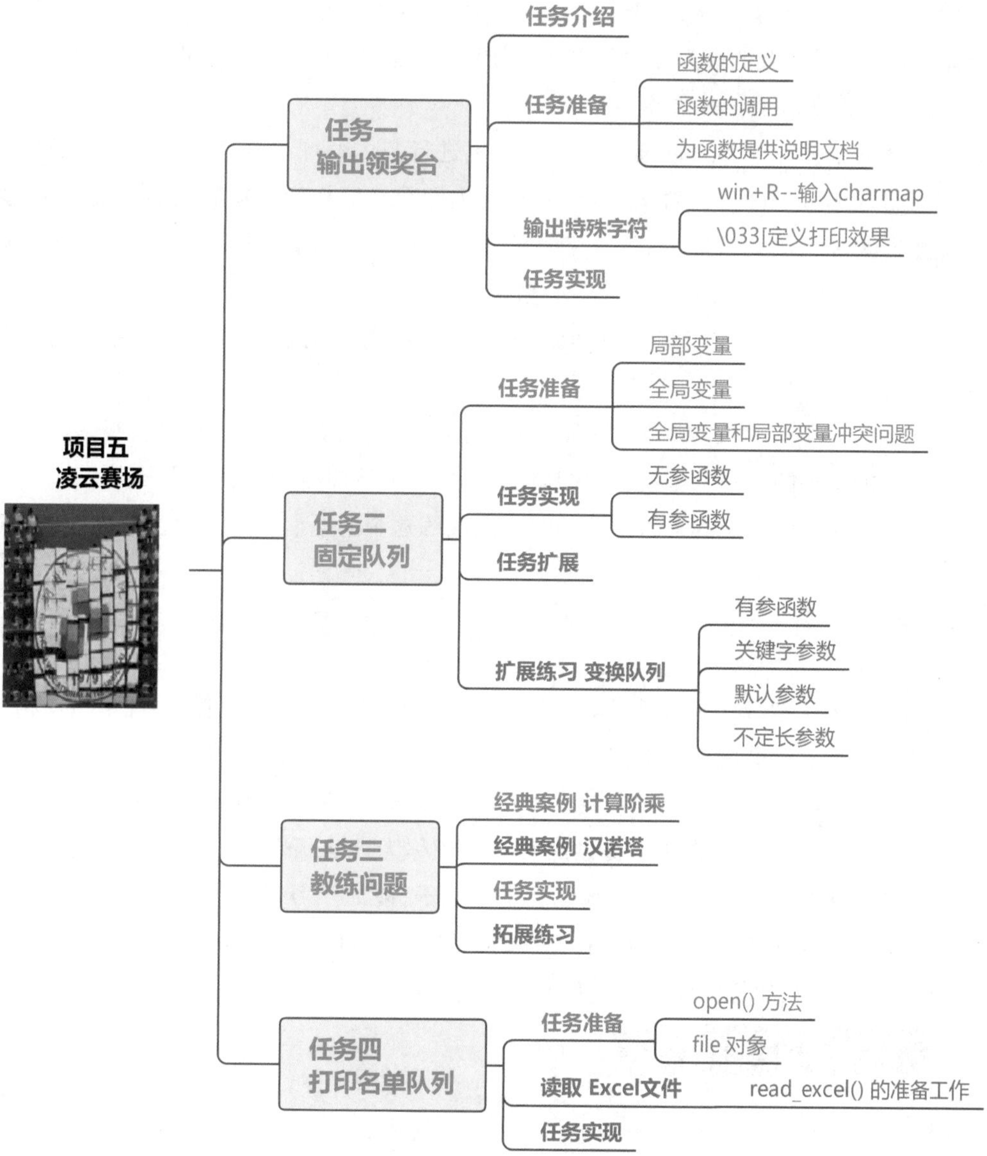

- 项目五 凌云赛场
  - 任务一 输出领奖台
    - 任务介绍
    - 任务准备
      - 函数的定义
      - 函数的调用
      - 为函数提供说明文档
    - 输出特殊字符
      - win+R--输入charmap
      - \033[定义打印效果
    - 任务实现
  - 任务二 固定队列
    - 任务准备
      - 局部变量
      - 全局变量
      - 全局变量和局部变量冲突问题
    - 任务实现
      - 无参函数
      - 有参函数
    - 任务扩展
    - 扩展练习 变换队列
      - 有参函数
      - 关键字参数
      - 默认参数
      - 不定长参数
  - 任务三 教练问题
    - 经典案例 计算阶乘
    - 经典案例 汉诺塔
    - 任务实现
    - 拓展练习
  - 任务四 打印名单队列
    - 任务准备
      - open() 方法
      - file 对象
    - 读取 Excel文件
      - read_excel() 的准备工作
    - 任务实现

任务一　输出领奖台

一、任务介绍

随着人民生活水平提高，健康意识不断增强，越来越多的人加入全民健身的行列中。近年来，线上线下结合的健身运动潮流兴起，无论居家还是户外，无论儿童还是老人，适应不同人群需求的健身方式层出不穷。

学校会通过体育课和运动会引导在校学生进行身体锻炼。既是健身活动又是校园文化重要组成部分的学生体育运动会，能让学生们在经历挫折和克服困难的过程中，提高抗挫折能力和情绪调节能力，培养坚强的意志品质，形成现代社会所必需的合作与竞争意识，培养良好的体育道德和集体主义精神。

运动会的参与者不仅有运动员和裁判，更多学生都能通过运动会方阵参与到活动当中。

通常情况编组运动会方阵需要解决几个问题，首先是上场同学的筛选，很多人想参加但是真正能上场的人数有限制，其次是演练不同的队列组合的过程有点复杂。

我们可以通过编写函数来解决运动会方队演练这个问题。

函数介绍

二、任务准备

首先我们要了解什么是函数：函数是组织好的，可重复使用的，用来实现单一或相关联功能的代码段。函数能提高应用的模块性和代码的重复利用率。

在之前的学习中，我们已经使用过Python提供的许多函数，比如print()、range()、input()和len()等，这些由Python提供的函数一般称为内建函数或内置函数。这一章我们要自己创建函数，即用户自定义函数。举个例子，前面学习了len()函数，通过它我们可以直接获得一个字符串的长度。我们不妨设想一下，如果没有len()函数，要想获取一个字符串的长度，该如何实现呢？请看下面的代码：

程序5-1　测字符串长度

```
n=0
for c in "python":
    n = n + 1
print(n)
```

程序执行结果为：

```
6
```

或者可以写成这样：

程序 5-2　测字符串长度

```
word=input("请输入一段文字：")
n=0
for c in word:
    n = n + 1
print(n)
```

获取一个字符串长度是常用的功能，一个程序中就可能用到很多次，如果每次都写这样一段重复的代码，不但费时费力，而且容易出错。

下面演示一下我们自己实现的myLen()函数：

程序 5-3　myLen()函数

```
def myLen(str): #自定义 myLen() 函数
    length = 0
    for i in str:
        length = length + 1
    return length
```

(一)函数的定义

函数定义

定义函数，也就是创建一个函数，可以理解为创建一个具有某些用途的工具。定义函数需要用def关键字实现，具体的语法格式如下：

```
def 函数名(形参列表):
    //实现特定功能的多行代码
    [return [返回值]]
```

其中，用 [] 括起来的为可选择部分，既可以使用，也可以省略。此格式中，各部分参数的含义如下：

函数名：一个符合Python语法的标识符，但不建议使用太过简单或无意义的标识符作为函数名，函数名最好能够体现出该函数的功能(如上面的myLen，即表示我们自定义的len()函数)。

形参列表:设置该函数可以接收多少个参数,多个参数之间用逗号(,)分隔。

[return [返回值]]:整体作为函数的可选参数,用于设置该函数的返回值。也就是说,一个函数,可以用返回值,也可以没有返回值,是否需要根据实际情况而定。

注意,在创建函数时,即使函数不需要参数,也必须保留一对空的"()",否则Python解释器将提示"invaild syntax"错误。另外,如果想定义一个没有任何功能的空函数,可以使用pass语句作为占位符。

例如,下面定义了两个函数:

程序5-4 函数定义

```
def passFuc():
    pass
#定义一个比较字符串大小的函数
def strMax(str1,str2):
if str1 > str2:
     str=str1
 else:
     str=str2
     return str
```

Python语言允许定义空函数,但是空函数本身并没有实际意义。

函数中的return语句可以直接返回一个表达式的值,例如修改上面的strMax()函数:

程序5-5 strMax函数定义

```
def strMax(str1,str2):
    return str1 if str1 > str2 else str2
```

该函数的功能和上面的 strMax() 函数是完全一样的,只是省略了创建 str 变量,因此函数代码更加简洁。

(二)函数的调用

调用函数也就是执行函数。如果把创建的函数理解为一个具有某种用途的工具,那么调用函数就相当于使用该工具。

函数调用的基本语法格式如下所示:

[返回值] = 函数名([实参])

如果定义的函数没有返回值则可以直接调用

函数名([实参])

其中，函数名即指的是要调用的函数的名称；实参指的是当初创建函数时要求传入的各个形参的值。如果该函数有返回值，我们可以通过一个变量来接收该值，当然也可以不接受。

需要注意的是，创建函数有多少个形参，那么调用时就需要传入多少个值，且顺序必须和创建函数时一致。

形参：发生存在函数的定义阶段全称为形式参数，相当于变量名

```
def funP(x,y):
    print(x,y)
```

实参：在调用函数阶段传入的值全称是实际参数，简称实参，相当于变量值

```
funP(1,2)
```

（三）为函数提供说明文档

通过调用Python的help()内置函数，我们可以查看某个函数的使用说明文档。事实上，无论是Python提供给我们的函数，还是自定义的函数，其说明文档都需要设计该函数的程序员自己编写。

函数的说明文档，本质就是一段字符串，只不过作为说明文档，字符串的放置位置是有讲究的，函数的说明文档通常位于函数内部、所有代码的最前面。

以上面程序中的myLen()函数为例，下面演示了如何为其设置说明文档：

程序 5-6　定义一个统计字符串长度的函数

```
#定义一个统计字符串长度的函数
def myLen(str):
    '''
    计算字符串的长度
    '''
    length = 0
    for i in str:
```

```
        length = length + 1
    return length
help(myLen)
#print(myLen.__doc__)
```

程序执行结果为：

```
Help on function myLen in module __main__:
myLen("python")
    计算字符串的长度
```

常见的内置函数见表5-1。

表5-1　内置函数

内置函数				
abs()	dict()	help()	min()	setattr()
all()	dir()	hex()	next()	slice()
any()	divmod()	id()	object()	sorted()
ascii()	enumerate()	input()	oct()	reload()
bin()	eval()	int()	open()	str()
bool()	exec()	isinstance()	ord()	sum()
bytearray()	filter()	issubclass()	pow()	super()
bytes()	float()	iter()	print()	tuple()
callable()	format()	len()	property()	type()
chr()	hash()	list()	range()	vars()
globals()	complex()	locals()	max()	zip()
compile()	round()	map()	reversed()	set()

所有函数都可以使用help(函数名称)了解它们的用法。例如：

```
help(hash)
```

```
hash(obj, /)
    Return the hash value for the given object.
    Two objects that compare equal must also have the same hash value, but
the
    reverse is not necessarily true.
```

三、输出特殊字符

让我们使用函数来输出一个“领奖台”：

程序 5-7　领奖台程序

```
def rostrum():#无参数的函数定义
    print("▄▄▄█▄▄▄")
rostrum()#调用函数
```

特殊符号的输入方法：

在命令提示符 CMD 下输入“charmap”选择特殊符号输入。

彩色文字输入方法：

使用\033[显示方式的编号;字体色编号;背景色编号 m 来定义打印效果。

打印完想要使用这个效果打印的内容后在后边跟一个\033[0m 目的就是让打印效果再回到原来默认的情况。

显示颜色的参数见表 5-2。

表 5-2　颜色参数

显示方式	效果
0	终端默认设置
1	高亮显示
4	使用下划线
5	闪烁
7	反白显示
8	不可见

字体色	背景色	颜色描述
30	40	黑色
31	41	红色
32	42	绿色
33	43	黄色
34	44	蓝色
35	45	紫红色
36	46	青蓝色
37	47	白色

四、任务实现

领奖台代码可以改写为：

程序 5-8　领奖台程序

```
def rostrum():
    print("\033[1;32;40m▂▂▂▂▅▅▅▂▂▂▂\033[0m")
rostrum()
```

直接使用 print(chr(数字编码))：

程序 5-9　无参函数定义

```
def ui():#无参数的函数定义
  print(10*" "+14*chr(9924))
ui()#调用函数
```

运行结果如图 5-1 所示。

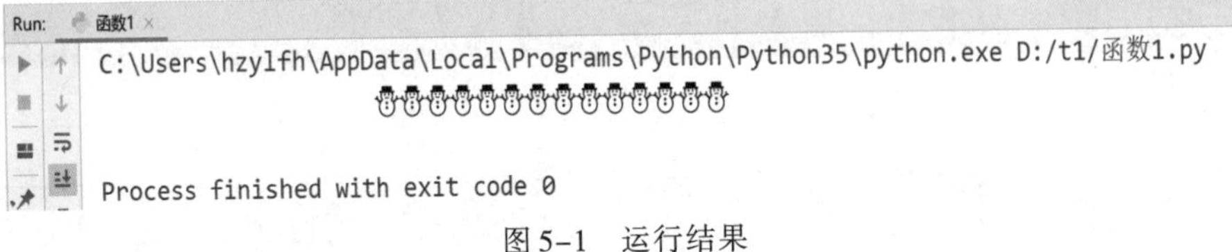

图 5-1　运行结果

任务二　固定队列

一、任务准备

因为作用范围不同，我们通常把变量区分为局部变量和全局变量，先看两段代码：

程序 5-10　变量作用范围

```
def sum(a,b):
   c=a+b
```

```
    return c
print(c)
```

运行结果如下：

```
NameError: name 'c' is not defined
```

变量“c”超出了它的作用范围,显示为没有定义。在函数内部定义的变量,它的作用范围仅限于函数内部。

程序 5-11　变量作用范围

```
name="python"
def outName():
    print(name)
outName()
```

运行结果如下：

```
python
```

变量 name 在函数外部定义在函数内外都可以被引用。

(一)局部变量

局部变量就是在函数内部定义的变量。

作用范围仅限于这个函数内部,即只能在这个函数中使用,在函数的外部是不能使用的。因为其作用范围只是在自己的函数内部,所以不同的函数可以定义相同名字的局部变量。

程序 5-12　局部变量

```
def wages():
    # 定义局部变量
    wage = 3000
    print("工资:", sal)
wages()
```

(二)全局变量

如果一个变量,既能在一个函数中使用,也能在其他的函数中使用,这样的变量就是全局变量。

程序5-13 全局变量

```
money = 2000
def wages1():
    print(money)
wages1()
```

定义的位置是在函数内部还是外部决定了它的作用域,函数内部定义的是局部变量,函数外部定义的是全局变量。

局部变量只能在声明的函数内访问,全局变量可以在整个程序范围内访问。在调用函数时,所有在函数内声明的变量名称都会被列入作用域。

(三)全局变量和局部变量冲突问题

程序5-14 变量范围规则

```
x = 1000
def ceshi():
    # 定义局部变量,与全局变量名字相同
    x = 300
    print(x)
    # 修改
    x = 200
    print('修改后的 x={}'  .format(x))
def test():
    print( 'x = %d '  % x)
ceshi()
test()
```

运行结果如下:

```
300
修改后的200
x = 1000
```

当函数内出现局部变量和全局变量相同名字时，函数内部中的局部变量起作用，此时理解为定义了一个局部变量，而不是修改全局变量的值。

在其他地方调用变量时显示的仍然是全局变量的值。

函数中进行使用全局变量时可否进行修改呢？

程序 5-15 修改全局变量

```
num = 1000
def ceshi():
    # 定义全局变量,使用global函数声明变量num为全局变量
    global num
    print('修改之前:{}' .format(num) )
    # 修改
    num = 200
    print( '修改之后:{}' .format(num))
def test():
    print( 'x = {}' .format(num))
ceshi()
test()
```

运行结果如下：

```
修改之前:1000
修改之后:200
x = 200
```

global关键字可以用来重新定义全局变量。

下面的代码实现了把数字按照奇数偶数分开存放。

程序 5-16 返回值

```
def even_odd(num):
    odd=[]
    even=[]
    for i in num:
        if i%2:
```

```
            odd.append(i)
        else:
            even.append(i)
    return odd,even
lst=[11,33,101,222,36,12]
print(even_odd(lst))
```

结果如下,当有多个返回值的时候,返回的是一个元组。

```
([11, 33, 101], [222, 36, 12])
```

二、任务实现

(一)无参函数

无参函数就是参数列表为空的函数,如果函数在调用时不需要向函数内部传递参数,就可以使用无参函数。无参函数一般用于不需要变换的任务,如输出固定的菜单栏或者完成例行的任务。

每次运动会的队列表演,一般都会预先选一些同学进行训练,然后再挑选出部分同学组成一个固定的队列。

例如:会操表演前选50名同学进行训练,最终在50名备选同学中选择32人组成8行4列的矩形编队。

程序 5-17 队列函数

```
def queue():
    import random
    i = 0
    result=[]
    while len(result)<32:
        num=random.randint(1, 50)
        if num not in result:
            result.append(num)
    for k in result:
```

```
            print(k,end="\t")
        print()
        while i < 32:
            j=0
            while j < 4:
                print(result[i] , end="\t")
                i = i + 1
                j = j + 1
            print()
queue()
```

程序 5-18　选人函数

```
while len(result)<32:
        num=random.randint(1, 50)
        if num not in result:
            result.append(num)
#防止重复选人!
random.randint(1, 50)
#在1到50个自然数之间随机选取一个数,需要注意的是这个区间包括50
if num not in result:
#not in 产生的数不在result列表才符合要求:
result.append(num)
#append()函数用于向列表中添加自然数。
```

(二)有参函数

有参函数

有参函数可以使用多种参数类型:位置参数、关键字参数、默认参数、不定长参数。位置参数是最常见的类型 ,位置参数须以正确的顺序传入函数,调用时的数量必须和声明时的一样。

程序 5-19　有参函数

```
有一个参数的函数定义及调用:
#打印一个*引导菜单,*号的数量可以调节
```

```
def ui1(a):
  print(10*" "+14*chr(a))
ui1(10052)
```

运行结果如图5-2所示。

```
C:\Users\hzylfh\AppData\Local\Programs\Python\Python35\python.exe D:/t1/函数1.py
          ❄❄❄❄❄❄❄❄❄❄❄❄❄❄

Process finished with exit code 0
```

图5-2 运行结果

程序5-20 多个参数的函数定义及调用

```
#有多个参数的函数定义及调用:
import time
def ui2(a,b,c):#有参数的函数定义
  print(b*" "+c*chr(a))
time.sleep(1)
ui2(10052,12,18)#调用函数,a为asc码值,并为空格数,C为打印字符的个数。
```

三、任务扩展

通过函数定义,输出一个菱形图案。

程序5-21 菱形图案

```
def ui():#无参数的函数定义
  print(10*" "+14*chr(9924))
def fun(a,b,c):#定义函数
    for i in range(a, b,c):#循环遍历的条件,包括了初值、终值和步长
        for j in range(1, 17 - i):
            print(" ", end="")  # 控制空格的输出
        for j in range(1, ((2 * i - 1)) + 1):
            print("*", end="")  # 控制*的输出
        print("")
```

```
ui()
fun(1,5,1)
fun(5,0,-1)
ui()
```

运行结果如图 5-3 所示。

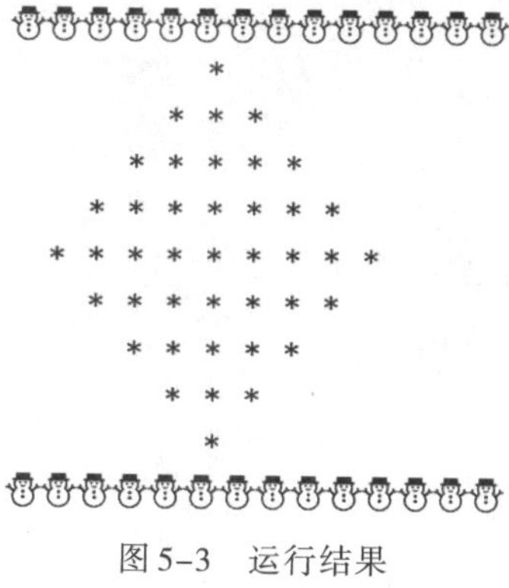

图 5-3　运行结果

四、扩展练习　变换队列

(一)有参函数

还是之前的例子，每次运动会的队列表演，一般都会预先选一些同学进行训练，然后再挑选出部分同学完成队列组合。

如果会操表演前进行训练的预选人数不固定，最终入选的人数和队列方式都不固定，那么就必须使用有参函数来完成任务。

程序 5-22　任意队列

```
def queue(line, row):
    import random
    i = 0
    result=[]
    while len(result)<line*row:
        num=random.randint(1, 50)
        if num not in result:
            result.append(num)
```

```
        for k in result:
            print(k,end="\t")
        print()
        while i < len(result):
            j=0
            while j < row:
                print(result[i] , end="\t")
                i = i + 1
                j = j + 1
            print()
line = int(input("请输入行数"))
row = int(input("请输入列数"))
queue(line, row)
```

(二)关键字参数

使用关键字参数允许函数调用时参数的顺序与声明时不一致,因为 Python 解释器能够用参数名匹配参数值。

程序 5-23　使用关键字为参数

```
def printStudent( name, num ):
    print ("名字: ", name)
    print ("年龄: ", num)
    return
printStudent(num=80923,name="wyt")
```

(三)默认参数

调用函数时,如果没有传递参数,则会使用默认参数。以下实例中如果没有传入 age参数,则使用默认值:

程序 5-24　默认参数举例

```
def printMoren( age,name='wyt'):
    print ("名字: ", name)
    print ("年龄: ", age)
```

```
    return
printMoren( age=35 )
```

如果没有给出name参数的值,函数会使用定义时默认的内容。

(四)不定长参数

不定长参数或者称为可变参数,在定义函数时用*args来接受,其中*是规定的,args可用其他名称替换,但一般习惯用args来表示。可变参数在传入函数后,被封装成一个元组来进行使用。所以我们在函数内部,可以通过操作元组的方法来操作参数。

程序 5-25　不定长参数举例

```
def printInfo(*args):
    print(type(args))
    print(*args)
printInfo(1, 2, 3, 4, 'wyt ')
```

运行结果如下:

```
<class  'tuple '>#可以看到数据类型是元组。
1 2 3 4 wyt
```

任务三　教练问题

程序调用自身的编程技巧称为递归。递归作为一种算法在程序设计语言中广泛应用。简单一点说,递归就是自己调用自己。为求解规模为N的问题,设法将它分解成规模较小的问题,并且这些规模较小的问题也能采用同样的分解方法,分解成规模更小的问题,一般情况当规模分解到最初状态时答案是已知的。

一、经典案例　计算阶乘

程序 5-26　计算阶乘

```
def p(n):
    if n==1:
```

```
        return 1
    else:
        res=n*p(n-1)
        return res
print(p(6))
```

递归函数

运行结果如下：

```
720
```

二、经典案例　汉诺塔

相传在古印度圣庙中，有一种被称为汉诺塔（Hanoi）的游戏。该游戏是在一块铜板装置上，有三根杆（编号A、B、C），在A杆自下而上、由大到小按顺序放置64个金盘。游戏的目标：把A杆上的金盘全部移到C杆上，并仍保持原有顺序叠好。操作规则：每次只能移动一个盘子，并且在移动过程中三根杆上都始终保持大盘在下、小盘在上，操作过程中盘子可以置于A、B、C任一杆上。

程序5-27　汉诺塔游戏

```
def hannuota(N, A, B, C):
    if N == 1:
        print(A, "--->", C)
    else:
        hannuota(N - 1, A, C, B)
        hannuota(1, A, B, C)
        hannuota(N - 1, B, A, C)
n = eval(input("请输入汉诺塔层数:"))
hannuota(n, 'A', 'B', 'C')
```

运行结果如下：

```
请输入汉诺塔层数:3
A ---> C
```

```
A ---> B
C ---> B
A ---> C
B ---> A
B ---> C
A ---> C
```

三、任务实现

运动员到达一定年纪后会选择退役，有些退役的运动员可能会成为教练。假设有运动员张三，他30岁退役后转职成教练，十年之后他带的队员陆续退役，按每年1个运动员退役后成为教练计算。如果每个教练都能照此规律产生，那么当张三达到一定年龄退休的时候，他直接和间接培养了多少教练？

程序5-28　教练培养

```
def coachNum(N):
    if N<=40:
        return 1
    return coachNum(N-1)+coachNum(N-10)
#age=int(input("请输入张教练当前年龄："))
num = coachNum(80)
print(num)
# 今年的教练数量 = 去年的教练数量 + 十年前教练的数量
# 因为十年前的教练现在每年都可以带出1个教练
```

四、拓展练习

turtle库是Python语言中一个很流行的绘制图像的函数库，一个小乌龟，在一个横轴为x、纵轴为y的坐标系原点(0,0)位置开始，根据函数指令的控制，在这个平面坐标系中移动，从而在它爬行的路径上绘制了图形。

下面的代码通过引用第三方turtle库函数来完成一个固定样式的领奖台，如果我们想修改领奖台的样式，就必须进入源程序进行修改。

程序5-29　绘制领奖台图案

```
def ljt():
    import turtle
    screen = turtle.Screen()
    screen.setup(800, 600)
    circle = turtle.Turtle()
    circle.shape('circle')
    circle.color('red')
    circle.speed('fastest')
    circle.up()
    square = turtle.Turtle()
    square.shape('square')
    square.color('green')
    square.speed('fastest')
    square.up()
    circle.goto(0, 280)
    circle.stamp()
    # 第一层
    for i in range(1, 5):  # 控制输出位置和层数
        y = 30 * i
        for j in range(3):  # 控制打印方块的个数
            x = 30 * j
            square.goto(x, -y + 280)
            square.stamp()
            square.goto(-x, -y + 280)
            square.stamp()
    # 第二层
    for i in range(5, 9):
        y = 30 * i
        for j in range(7):
            x = 30 * j
            square.goto(x, -y + 280)
            square.stamp()
```

```
            square.goto(-x, -y + 280)
    square.stamp()
    # 第三层
    for i in range(9, 13):
        y = 30 * i
        for j in range(11):
            x = 30 * j
            square.goto(x, -y + 280)
            square.stamp()
            square.goto(-x, -y + 280)
            square.stamp()
    turtle.exitonclick()
ljt()
```

运行结果如图 5-4 所示。

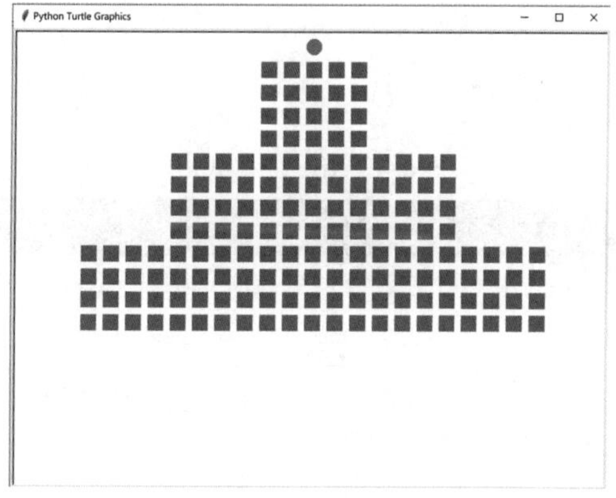

图 5-4 运行结果

任务四 打印名单队列

文件操作

一、任务准备

(一)open() 方法

Python open()方法用于打开一个文件,并返回文件对象。

在对文件进行处理过程都需要使用到这个函数，如果该文件无法被打开，会抛出OS-Error。

注意：使用open()方法一定要保证关闭文件对象，即调用close()方法。

open() 函数常用形式是接收两个参数：文件名(file)和模式(mode)。

open(file, mode='r')

完整的语法格式为：

open(file, mode='r', buffering=-1, encoding=None, errors=None, newline=None, closefd=True, opener=None)

参数说明：

file: 必需，文件路径（相对或者绝对路径）；

mode: 可选，文件打开模式；

buffering: 设置缓冲；

encoding: 一般使用utf-8；

errors: 报错级别；

newline: 区分换行符；

closefd: 传入的file参数类型；

opener: 设置自定义开启器，开启器的返回值必须是一个打开的文件描述符。

其中mode的常见模式见表5-3。

表5-3 mode模式表

模式	描述
r	以只读方式打开文件。文件的指针将会放在文件的开头。这是默认模式。
r+	打开一个文件用于读写。文件指针将会放在文件的开头。
w	打开一个文件只用于写入。如果该文件已存在则打开文件，并从开头开始编辑，即原有内容会被删除。如果该文件不存在，创建新文件。
w+	打开一个文件用于读写。如果该文件已存在则打开文件，并从开头开始编辑，即原有内容会被删除。如果该文件不存在，创建新文件。
a	打开一个文件用于追加。如果该文件已存在，文件指针将会放在文件的结尾。也就是说，新的内容将会被写入到已有内容之后。如果该文件不存在，创建新文件进行写入。
a+	打开一个文件用于读写。如果该文件已存在，文件指针将会放在文件的结尾。文件打开时会是追加模式。如果该文件不存在，创建新文件用于读写。

默认为文本模式，如果要以二进制模式打开，加上b。

（二）file对象

file对象使用open函数来创建，file对象常用的函数见表5-4。

表 5-4　file对象常用函数表

序号	方法及描述
1	file.close() 关闭文件。关闭后文件不能再进行读写操作。
2	file.flush() 刷新文件内部缓冲，直接把内部缓冲区的数据立刻写入文件，而不是被动地等待输出缓冲区写入。
3	file.read([size]) 从文件读取指定的字节数，如果未给定或为负则读取所有。
4	file.readline([size]) 读取整行，包括"\n"字符。
5	file.readlines([sizeint]) 读取所有行并返回列表，若给定sizeint>0，返回总和大约为sizeint字节的行，实际读取值可能比sizeint较大，因为需要填充缓冲区。
6	file.seek(offset[,whence]) 移动文件读取指针到指定位置。
7	file.tell() 返回文件当前位置。
8	file.write(str) 将字符串写入文件，返回的是写入的字符长度。
9	file.writelines(sequence) 向文件写入一个序列字符串列表，如果需要换行则要自己加入每行的换行符。

程序 5-30　文件读取

```
f = open("text.txt", "w+",encoding= 'utf-8 ')
f.write("可以，你做得很好！　6666")　# 此时文件对象在最后一行，如果读取，将读不到数据
s=f.tell()　　　# 返回文件对象当前位置
f.seek(0,0)　　　# 移动文件对象至第一个字符
str=f.read()
print(s,str,len(str))
```

运行结果如下：

```
33 可以，你做得很好！　6666 15
```

一般来说推荐以下方法：

```
#写
with open( 'test.txt ',  'w ', encoding= 'utf-8 ') as f:
    f.write( 'test ')
#读
with open( 'test.txt ',  'r ', encoding= 'utf-8 ') as f:
    f.readlines()
```

二、读取Excel文件

使用open()函数操作文件比较方便，读写Excel通常会使用pandas第三方函数库。

程序5-31　读取Excel文件

```
import pandas as pd
file_name =  'xxx.xlsx '
pd.read_excel(file_name)
```

Excel文件的格式为xls和xlsx，pandas读取Excel文件需要安装依赖库xlrd和openpyxl。

所有库都可在项目中进行添加，或者在命令提示符下运行：

pip install xlrd

pip install openpyxl

程序5-32　读取文件

```
import pandas as pd
path=r' C:\Users\Administrator\Desktop\项目5-凌云赛场\****.xlsx '
df=pd.read_excel(path)
print(df)
```

三、任务实现

在进行队列分组时，使用编号有很多不方便，可以通过读取Excel中的姓名来完成使用姓名的队列分组。

程序 5-33　队列分组

```
import pandas as pd
import random
name=[]
path=r'C:\Users\faria\Desktop\项目5-凌云赛场\****.xlsx'    #路径和文件名自定义
df=pd.read_excel(path)
data=df.loc[:, '姓名']#保存所有的姓名,列名可以更改
name.append(data)
length=(len(name[0]))
def queue(line,row):
    i = 0
    result = []
    while len(result) < line*row:
        num = random.randint(0, length-1)
        if num not in result:
            result.append(num)
    while i < line*row:
        j = 0
        while j < row:
            print(name[0][result[i]], end="\t")
            i = i + 1
            j = j + 1
        print()
line=int(input("输入行数"))
row=int(input("输入列数"))
queue(line,row)
```

课后练习

一、填空题

1. Python提供了两个比较操作符______和______来测试两个变量是否指向同一个对象，也可以通过内建函数__________来测试对象的类型。
2. Python程序文件扩展名主要有__________和__________两种，其中后者常用于GUI程序。
3. 为了提高Python代码运行速度和进行适当的保密，可以将Python程序文件编译为扩展名__________的文件。
4. 假设有Python程序文件abc.py，其中只有一条语句print(__name__)，那么直接运行该程序时得到的结果为__________。
5. 可以使用内置函数__________查看包含当前作用域内所有全局变量和值的字典。
6. 可以使用内置函数____________查看包含当前作用域内所有局部变量和值的字典。
7. Python中定义函数的关键字是____________。
8. 在函数内部可以通过关键字____________来定义全局变量。
9. 如果函数中没有return语句或者return语句不带任何返回值，那么该函数的返回值为

   ___________。
10. 表达式sum(range(10))的值为__________。
11. 表达式sum(range(1, 10, 2))的值为__________。
12. 表达式list(filter(None, [0,1,2,3,0,0]))的值为______________。
13. 表达式list(filter(lambda x:x>2, [0,1,2,3,0,0]))的值为__________。
14. 表达式list(range(50, 60, 3))的值为_____________________。
15. 表达式list(filter(lambda x: x%2==0, range(10))) 的值为____________________。
16. 表达式list(filter(lambda x: len(x)>3, ['a', 'b', 'abcd'])) 的值为__________。
17. 已知g = lambda x, y=3, z=5: x*y*z，则语句print(g(1))的输出结果为__________。
18. 表达式list(map(lambda x: len(x), ['a', 'bb', 'ccc']))的值为__________。
19. 已知f = lambda x: x+5，那么表达式f(3)的值为__________。
20. 表达式sorted(['abc', 'acd', 'ade'], key=lambda x:(x[0],x[2]))的值为__________。
21. 已知函数定义def demo(x, y, op):return eval(str(x)+op+str(y))，那么表达式demo(3, 5, '+')的值为____________________。
22. 已知函数定义def demo(x, y, op):return eval(str(x)+op+str(y))，那么表达式demo(3, 5, '*')的值为____________________。
23. 已知函数定义def demo(x, y, op):return eval(str(x)+op+str(y))，那么表达式demo(3, 5,

'-')的值为________________________。

24. 已知f = lambda n: len(bin(n)[bin(n).rfind('1')+1:]),那么表达式f(6)的值为__________。

25. 已知f = lambda n: len(bin(n)[bin(n).rfind('1')+1:]),那么表达式f(7)的值为____________________。

26. 已知g = lambda x, y=3, z=5: x+y+z,那么表达式g(2)的值为_____________。

27. 已知函数定义def func(*p):return sum(p),那么表达式 func(1,2,3) 的值为__________。

28. 已知函数定义def func(*p):return sum(p),那么表达式 func(1,2,3, 4) 的值为________。

29. 已知函数定义def func(**p):return sum(p.values()),那么表达式 func(x=1, y=2, z=3)的值为_____________。

30. 已知函数定义def func(**p):return ''.join(sorted(p)),那么表达式func(x=1, y=2, z=3)的值为_____________。

二、编程题

1. Python如何定义一个函数,并试写一个函数,给定n,返回n以内的斐波那契数列。

2. 请定义一个函数fangcheng(a, b, c),接收3个参数,返回一元二次方程:$ax^2+bx+c=0$的两个解。

3. 写函数,判断用户传入的对象(字符串、列表、元组)长度是否大于5。

4. 编写函数,传入n个数,返回字典{'max':最大值, 'min':最小值}

5. 写函数,统计传入函数的字符串中,数字、字母、空格以及其他字符的个数,并返回结果。

6. 列表与函数:随机生成n个数,删除5和3的倍数。

7. 实现按名单队列分组,名单从文本文件读取。

项目六　志愿者风采——可视化编程

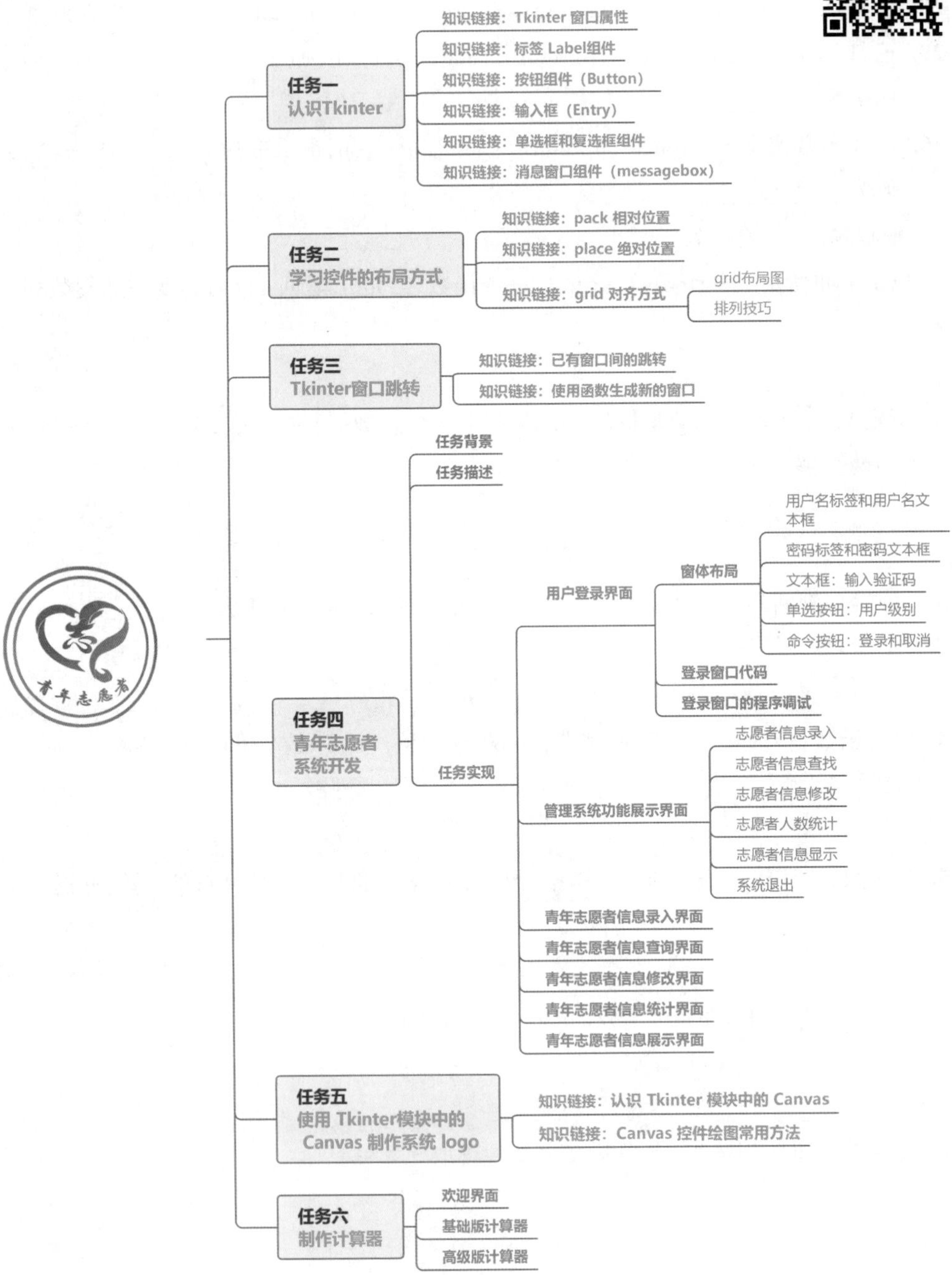

项目六志愿者风采

青年志愿者

- 任务一 认识Tkinter
  - 知识链接：Tkinter 窗口属性
  - 知识链接：标签 Label组件
  - 知识链接：按钮组件（Button）
  - 知识链接：输入框（Entry）
  - 知识链接：单选框和复选框组件
  - 知识链接：消息窗口组件（messagebox）
- 任务二 学习控件的布局方式
  - 知识链接：pack 相对位置
  - 知识链接：place 绝对位置
  - 知识链接：grid 对齐方式
    - grid布局图
    - 排列技巧
- 任务三 Tkinter窗口跳转
  - 知识链接：已有窗口间的跳转
  - 知识链接：使用函数生成新的窗口
- 任务四 青年志愿者系统开发
  - 任务背景
  - 任务描述
  - 任务实现
    - 用户登录界面
      - 窗体布局
        - 用户名标签和用户名文本框
        - 密码标签和密码文本框
        - 文本框：输入验证码
        - 单选按钮：用户级别
        - 命令按钮：登录和取消
      - 登录窗口代码
      - 登录窗口的程序调试
    - 管理系统功能展示界面
      - 志愿者信息录入
      - 志愿者信息查找
      - 志愿者信息修改
      - 志愿者人数统计
      - 志愿者信息显示
      - 系统退出
    - 青年志愿者信息录入界面
    - 青年志愿者信息查询界面
    - 青年志愿者信息修改界面
    - 青年志愿者信息统计界面
    - 青年志愿者信息展示界面
- 任务五 使用 Tkinter模块中的 Canvas 制作系统 logo
  - 知识链接：认识 Tkinter 模块中的 Canvas
  - 知识链接：Canvas 控件绘图常用方法
- 任务六 制作计算器
  - 欢迎界面
  - 基础版计算器
  - 高级版计算器

任务一　认识Tkinter

Tkinter是Python的标准GUI(Graphical User Interface,GUI(图形用户界面))库。Tk和tkinter在大多数Unix平台以及Windows系统上都可用(Tk本身不是Python的一部分),用于构建主流的桌面图形用户界面。

GUI窗体属性

一、知识链接:Tkinter窗口属性

(1)geometry(geometry=None)设置和获取窗口的尺寸

—geometry 参数的格式为:"%dx%d%+d%+d" % (width, height, xoffset, yoffset)

(2)iconbitmap(bitmap=None, default=None)设置和获取窗口的图标

—例如root.iconbitmap(bitmap="Python.ico")

—default参数可以用于指定由该窗口创建的子窗口的默认图标

(3)title()设置窗口标题

(4)background设置背景色,可以用英文名,也可以用十六进制表示颜色。

```
background = "#00ffff"
  显示窗口
mainloop()
```

部分颜色代码如表6-1所示。

表6-1　部分颜色代码

颜色	十六进制代码	颜色	十六进制代码	颜色	十六进制代码
春绿色	#00FF7F	新棕褐色	#EBC79E	石灰绿色	#32CD32
棕色	#A67D3D	浓深棕色	#5C4033	粉红色	#BC8F8F
鲜黄色	#DBDB70	珊瑚红	#FF7F00	深兰花色	#9932CD
深藏青色	#2F2F4F	土黄色	#9F9F5F	橘黄色	#E47833
钢蓝色	#236B8E	暗金黄色	#CFB53B	李子色	#EAADEA
青铜色	#8C7853	淡浅灰色	#CDCDCD	红色	#FF0000
灰色	#C0C0C0	紫蓝色	#42426F	深紫色	#871F78
海军蓝	#23238E	浅蓝色	#C0D9D9	褐红色	#8E236B
亮天蓝色	#38B0DE	橙色	#FF7F00	石英色	#D9D9F3
2号青铜色	#A67D3D	紫罗兰色	#4F2F4F	绿色	#00FF00

续表

颜色	十六进制代码	颜色	十六进制代码	颜色	十六进制代码
铜绿色	#527F76	深棕	#5C4033	深石板蓝	#6B238E
棕褐色	#DB9370	橙红色	#FF2400	艳蓝色	#5959AB
青黄色	#93DB70	深绿	#2F4F2F	深铅灰色	#2F4F4F
霓虹粉红	#FF6EC7	浅钢蓝色	#8F8FBD	中蓝色	#3232CD
紫红色	#D8BFD8	淡紫色	#DB70DB	鲑鱼色	#6F4242
冷铜色	#D98719	麦黄色	#D8D8BF	牡丹红	#FF00FF
猎人绿	#215E21	深铜绿色	#4A766E	深棕褐色	#97694F
中海蓝色	#32CD99	浅木色	#E9C2A6	中森林绿	#6B8E23
石板蓝色	#ADEAEA	浅绿色	#8FBC8F	猩红色	#BC1717
铜色	#B87333	黄绿色	#99CC32	青色	#00FFFF
印度红	#4E2F2F	深橄榄绿	#4F4F2F	亮金色	#D9D919
森林绿	#238E23	艳粉红色	#FF1CAE	金色	#CD7F32
中鲜黄色	#EAEAAE	银色	#E6E8FA	中紫红色	#DB7093
海绿色	#238E68	巧克力色	#5C3317	石板蓝	#007FFF
黄色	#FFFF00	长石色	#D19275	黄铜色	#B5A642
暗木色	#855E42	中春绿色	#7FFF00	中木色	#A68064
中兰花色	#9370DB	天蓝	#3299CC	淡灰色	#545454
蓝色	#0000FF	蓝紫色	#9F5F9F	中海绿色	#426F42
黑色	#000000	火砖色	#8E2323	赭色	#8E6B23
海蓝	#70DB93	霓虹篮	#4D4DFF	浅灰色	#A8A8A8
士官服蓝色	#5F9F9F	紫罗兰红色	#CC3299	半甜巧克力色	#6B4226
新深藏青色	#00009C	土灰玫瑰红色	#856363	中石板蓝色	#7F00FF

(5)grid(baseWidth=None, baseHeight=None, widthInc=None,heightInc=None)

—通知窗口管理器该窗口将以网格的形式重新调整尺寸

程序6-1 实现窗体背景颜色的动态变化

```
# 导入模块,取别名
import tkinter as tk
import time
# 实例化一个窗体对象
root = tk.Tk()
# 设置窗口的大小长宽为300x300出现的位置距离窗口左上角+150+150root.geometry("300x300+150+150")
# 设置窗口标题
```

```
root.title("窗体设置")
#设置图标,以OneDrive图标为例,必须是以 .ico 为后缀的图标文件,放于同目录下。
root.iconbitmap("py.ico")
#设置背景色,可以用英文名,也可以用十六进制表示的颜色。
for i in range(1,10):
    root["background"] = "yellow" #背景色用英文名称
    time.sleep(0.8)
    root.update()  # 刷新窗体
    root["background"] = "pink"  #背景色用英文名称
    time.sleep(0.8)
    root.update()  # 刷新窗体
    root["background"] = "#00ffff"#背景色用十六进制
    time.sleep(0.8)
    root.update()
# 显示窗口,保持窗体不退出状态
root.mainloop()
```

二、知识链接:标签Label组件

GUI常见控件

标签组件只用于显示信息,不执行任何功能,创建标签组件的语法格式如下:

Label=Label(master,option,...)

其中,master代表父窗口,option为组件属性选项列表,Label组件常用的选项列表如表6-2所示。

表6-2　Label组件常用参数

参数	含义
height	标签高度
width	标签的宽度
foreground/fg	正常前景(文字)颜色
background/bg	标签背景颜色
font	字体大小

下面以显示一段文字为例,在窗口中使用Label组件。

程序6-2 显示一段文字

```
import tkinter as tk
# 建立tkinter窗口,设置窗口标题
pys = tk.Tk()
pys.title("标签组件学习")
labelHello = tk.Label(pys, text = "我爱编程,我学python!", height = 3,width=40,
bg="white",fg="blue",font=12)
labelHello.pack()
pys.mainloop()
```

运行结果如图6-1所示。

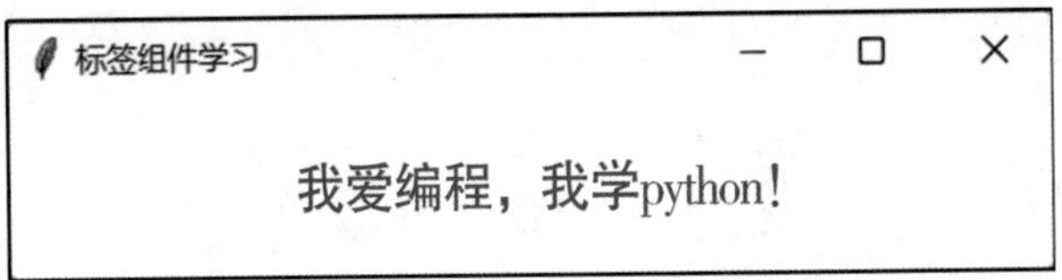

图6-1 运行结果

三、知识链接:按钮组件

按钮组件(Button)是tkinter最常用的图形组件之一,通过Button可以方便地与用户进行交互,按钮组件常用参数见表6-3。

表6-3 按钮组件常用参数

参数	描述
height	高度(用于文本按钮)或像素(用于图像)
width	宽度(用于文本按钮)或像素(用于图像)
fg	正常前景(文字)颜色
background/bg	背景颜色
borderwidth	边框宽度(像素),默认是2个像素
image	要显示在标签上的图像
text	按钮要显示的内容
command	点击按钮时触发的动作,通常定义为函数

下面以生成随机数为例,在窗口中使用Label组件及Button组件。

程序6-3　生成随机数

```
import tkinter as tk
import random
random.random() #从random模块中调用random()方法
random.randint(0,99)#生成一个0-99之间的随机整数
def randnum():
    labelrandnum.config(text = random.randint(1000,9999))
pys = tk.Tk()
pys.title("按钮组件")
labelrandnum = tk.Label(pys, text = "生成随机数", height = 5, width = 20,
fg = "red")
labelrandnum.config(font=("Arial", 12, "bold"))
labelrandnum.pack()
btn = tk.Button(pys, text = "生成随机数", command = randnum,font=12)
btn.pack()
pys.mainloop()
```

运行结果如图6-2所示。

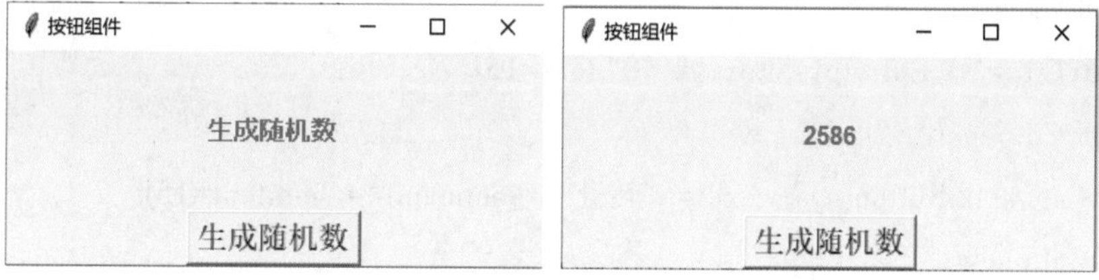

图6-2　运行结果

四、知识链接:输入框

输入框(Entry)用来输入单行内容,可以方便地向程序传递用户参数,输入框组件常用参数见表6-4。

表6-4　输入框组件常用参数

参数	描述
width	文本框宽度
background/bg	文本框背景颜色

续表

参数	描述
borderwidth	文本框边框宽度
show	可在需隐藏文本时设置文本显示为其他字符,例如显示为星号,则设置show='*'
foreground/fg	文字颜色,值为颜色或颜色代码,如"red"、"#ff000"
selectbackground	选中文字的背景颜色
get()	获取文本框的值

这里通过一个转换摄氏度和华氏度的小程序来演示该组件的用法,窗口界面及运行结果如图6-3所示。

程序6-4　转换摄氏度和华氏度

```
import tkinter as tk
def tem():
    cd = float(entryCd.get())
    temc.config(text = "%.2f°C = %.2f°F" %(cd, cd*1.8+32))
pys = tk.Tk()
pys.title("输入框组件学习")
temc = tk.Label(pys, text = "摄氏度与华氏度的转化", height = 6, width = 22,
fg = "red",font=15)
temc.pack()
entryCd = tk.Entry(pys, text = "0",font=15)#输入框设置
entryCd.pack()
btnCal = tk.Button(pys, text = "转化", command = tem,font=15)
btnCal.pack()
pys.mainloop()
```

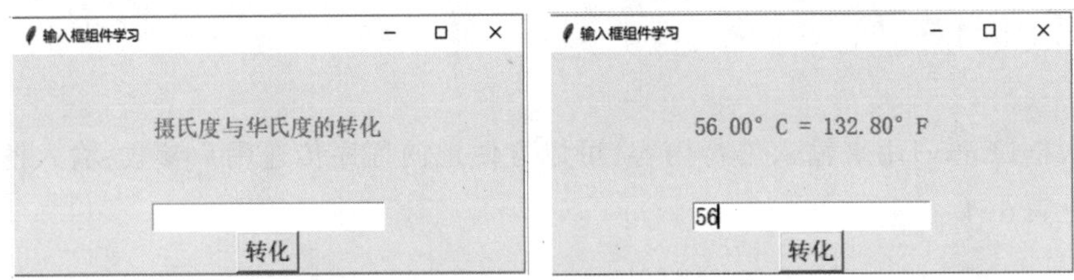

图6-3　转换摄氏度和华氏度的小程序

通过图6-3可以看到程序运行后,"摄氏度与华氏度的转化"标签内容被更换为了转换结果,为此,可以增加一个标签,如程序6-5的代码:

程序6-5　改进代码

```
import tkinter as tk
def tem():
    cd = float(entryCd.get())#获取文本框里的值并进行类型转换
    temc2.config(text = "%.2f°C = %.2f°F" %(cd, cd*1.8+32))
pys = tk.Tk()
pys.title("输入框组件学习")
temc1 = tk.Label(pys, text = "摄氏度与华氏度的转化", height = 6, width = 
22, fg = "red",font=15)
temc1.pack()
temc2 = tk.Label(pys, text = "  ", height = 6, width = 22, fg = "red",font=15)
temc2.pack()
entryCd = tk.Entry(pys, text = "0",font=15)#输入框设置
entryCd.pack()
btnCal = tk.Button(pys, text = "转化", command = tem,font=15)
btnCal.pack()
ys.mainloop()
```

运行结果如图6-4所示。

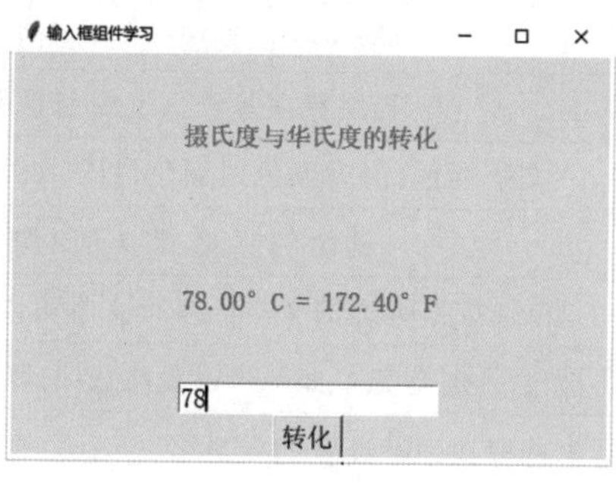

图6-4　运行结果

五、知识链接：单选框和复选框组件

单选框（Radiobutton）和复选框（Checkbutton）分别用于实现选项的单选和复选功能。单选框常用参数如表6-5所示：

表6-5　单选框常用参数

参数	描述
command	点击该单选框时触发的动作
value	指定的是单选框关联的值
image	单选框文本图形图像显示
background/bg	单选框背景颜色
activebackground	当鼠标在单选框上的背景颜色
activeforeground	当鼠标在单选框上的前景颜色
fg	文字颜色，值为颜色或颜色代码，如“red”、“#ff000”
borderwidth	边框的宽度，默认是2像素
text	单选旁边的文本。多行文本可以用“\n”来换行
width	字符中的标签宽度(不是像素)，如果未设置此选项，则标签将按其内容进行大小调整
variable	指定的是单选框选中时设置的变量名，这个必须是全局的变量名，可以使用get函数获取

复选框常用参数如表6-6所示。

表6-6　复选框常用参数

参数	描述
command	点击该复选框时触发的动作
image	复选框文本图形图像显示
background/bg	复选框背景颜色
activebackground	当鼠标在复选框的背景颜色
activeforeground	当鼠标在复选框上的前景颜色
fg	文字颜色，值为颜色或颜色代码，如“red”、“#ff000”
borderwidth	边框的宽度，默认是2像素
text	单选按钮旁边的文本。多行文本可以用“\n”来换行
width	字符中的标签宽度(不是像素)，如果未设置此选项，则标签将按其内容进行大小调整
variable	指定的是单选框选中时设置的变量名，这个必须是全局的变量名，可以使用get函数获取

下面以选择你喜欢的中国传统文化为例，学习复选框的使用。

程序6-6　复选框的使用

```
from tkinter import*
top=Tk()
label=Label(top,text="请选择你喜欢的中国传统文化:")
```

```
label.pack()
check_one=Checkbutton(top,text="剪纸",height=2,width=20)
check_two=Checkbutton(top,text="武术",height=2,width=20)
check_three=Checkbutton(top,text="刺绣",height=2,width=20)
check_four=Checkbutton(top,text="京剧",height=2,width=20)
check_one.pack()
check_two.pack()
check_three.pack()
check_four.pack()
top.mainloop()
```

运行结果如图6-5所示。

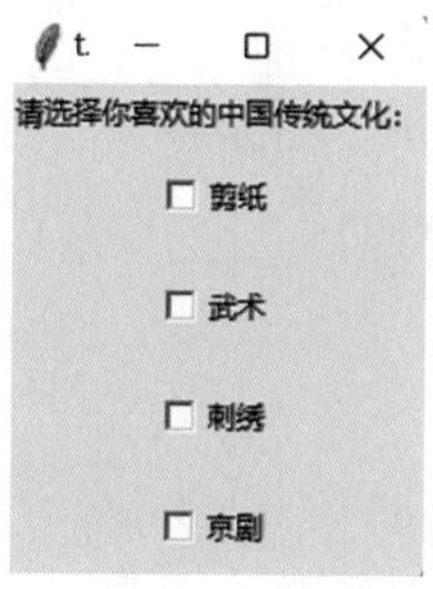

图6-5　运行结果

下面结合单选框与复选框的功能，实现对文字的颜色和字体进行设置。

程序6-7　单选框与复选框的结合使用

```
import tkinter as tk
def colorChecked():
    labelHello.config(fg = color.get())
def typeChecked():
    textType = typeBlod.get() + typeItalic.get()
    if textType == 1:
        labelHello.config(font = ("Arial", 12, "bold"))
    elif textType == 2:
        labelHello.config(font = ("Arial", 12, "italic"))
    elif textType == 3:
```

```
        labelHello.config(font = ("Arial", 12, "bold italic"))
    else:
        labelHello.config(font = ("Arial", 12))
top = tk.Tk()
top.title("单选框和复选框")
labelHello = tk.Label(top, text = "天行健,君子以自强不息.", height = 3, font=
("Arial", 12))
labelHello.pack()
color = tk.StringVar()
tk. Radiobutton(top, text = "Green", variable = color, value = "green", com-
mand = colorChecked).pack(side = tk.LEFT)
tk.Radiobutton(top, text = "Gold", variable = color, value = "gold", command =
colorChecked).pack(side = tk.LEFT)
tk.Radiobutton(top, text = "Blue", variable = color, value = "blue", command =
colorChecked).pack(side = tk.LEFT)
typeBlod = tk.IntVar()
typeItalic = tk.IntVar()
tk.Checkbutton(top, text = "Blod", variable = typeBlod, onvalue = 1, offvalue =
0, command = typeChecked).pack(side = tk.LEFT)
tk.Checkbutton(top, text = "Italic", variable = typeItalic, onvalue = 2, offvalue =
0, command = typeChecked).pack(side = tk.LEFT)
top.mainloop()
```

运行结果如图6-6所示。

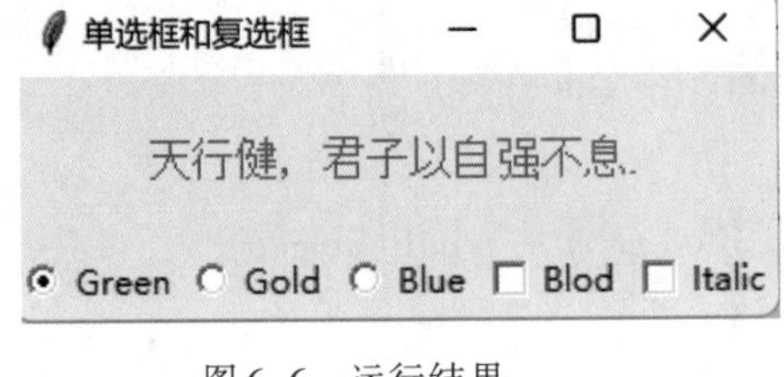

图6-6　运行结果

六、知识链接：消息窗口组件

消息窗口（messagebox）用于弹出提示框向用户进行警告，或让用户选择下一步如何操作。消息框包括很多类型，常用的有info、warning、error、yeno、okcancel等，包含不同的图标、按钮以及弹出提示音。

下面以文明旅游为例，演示消息窗口的效果：

程序6-8　消息窗口的使用

```
import tkinter as tk
from tkinter import messagebox as msgbox
def btn1_clicked():
    msgbox.showinfo("showinfo", "太湖古镇")
def btn2_clicked():
    msgbox.showwarning("Warning", "水深危险，请勿靠近.")
def btn3_clicked():
    msgbox.showerror("Error", "禁止乱涂乱画.")
def btn4_clicked():
    msgbox.askquestion("Question", "如需帮助，请拨打12345.")
top = tk.Tk()
top.title("MsgBox Test")
btn1 = tk.Button(top, text = "旅游景点", command = btn1_clicked)
btn1.pack(fill = tk.X)
btn2 = tk.Button(top, text = "温馨提示", command = btn2_clicked)
btn2.pack(fill = tk.X)
btn3 = tk.Button(top, text = "文明公约", command = btn3_clicked)
btn3.pack(fill = tk.X)
btn4 = tk.Button(top, text = "便民热线", command = btn4_clicked)
btn4.pack(fill = tk.X)
top.mainloop()
```

运行结果如图6-7所示。

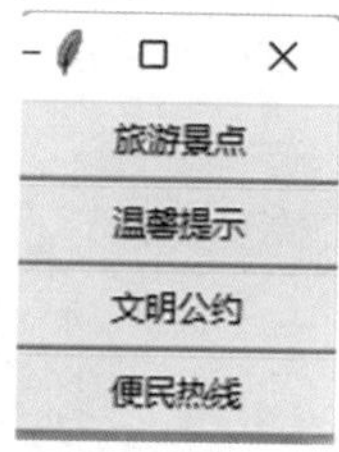

图6-7　运行结果

依次点击四个按钮后弹出的消息框如图6-8所示：

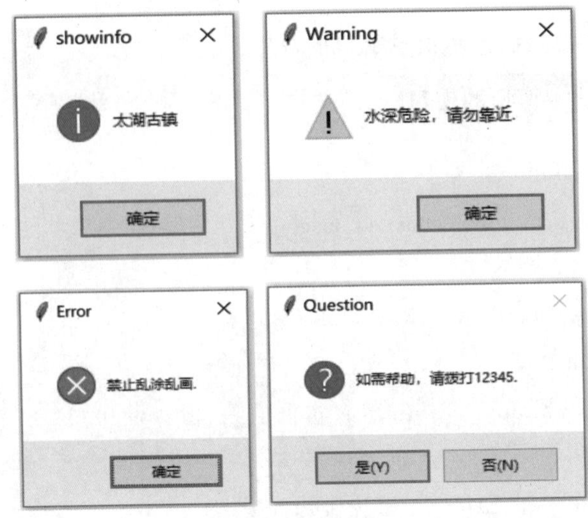

图6-8　运行结果

任务二　学习控件的布局方式

GUI控件对齐方式

Python中的控件布局方法一共有三种，分别为相对位置pack、绝对位置place和表格布局grid。

一、知识链接：pack相对位置

用这个方法就是找系统默认的位置排放，一般都是当前界面居中换行显示。例如，项目二中学习的碳排放量计算的程序，可以设计GUI如图6-9所示。

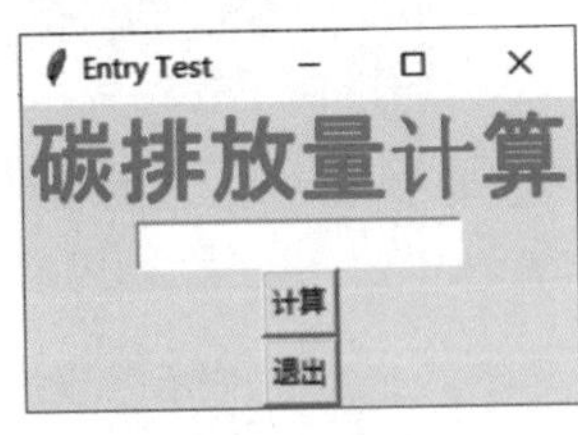

图6-9　GUI

程序6-9　碳排放量计算界面GUI设计

```
import tkinter as tk
def btnHelloClicked():
```

```
    cd = float(entryCd.get())#获取文本框内容
    n = (cd*0.785)/18.3#计算需要种树的量
    labelHello1.config(text = "用电%d度 需要种 %d棵树中和" %(cd, (cd*
0.785)/18.3))#重置标签文本
    labelHello2.config(text=int(n)*chr(9909))
top = tk.Tk()#生成一个窗体取名为top
top.title("Entry Test")#窗口标题
labelHello1 = tk.Label(text= "碳排放量计算", font=('Arial',10), fg = "red")
#创造一个label属性的元素并设置相关数据
labelHello1.pack()#相对布局方式
labelHello2 = tk.Label(text= "shu", font=('Arial',20),height = 5, width = 20,
fg = "green")
#创造一个label属性的元素并设置相关数据
labelHello2.pack()#相对布局方式
entryCd = tk.Entry(text="0")#创造一个entry属性的元素并设置相关数据
entryCd.pack()
btnCal = tk.Button(command=btnHelloClicked,text="计算" )#创造一个button属性
的元素并设置相关数据
btnCal.pack()
btnCal1 = tk.Button(command=top.quit,text="退出" )#创造一个button属性的元素
并设置相关数据
btnCal1.pack()
top.mainloop()#将窗体显示出来
```

运行结果如图6-10所示。

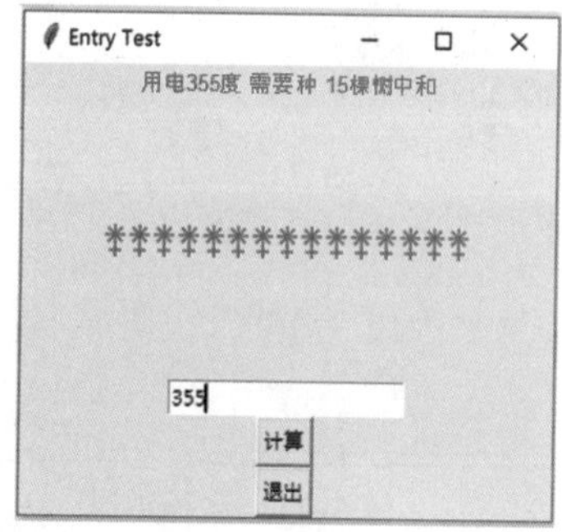

图6-10　碳排放量计算运行界面

二、知识链接：place绝对位置

这个方法类似于绝对定位，Python Tkinter提供的Place布局管理器，可以显示指定控件的绝对位置或相对于其他控件的位置。要使用Place布局，调用相应控件的place()方法就可以了。place用法：place(x=参数1,y=参数2)，其中参数1和参数2是x和y位于窗口的像素的值。

例如程序6-10用这种方式布局时，一定要注意其位置坐标。

程序6-10　碳排放量计算

```
import tkinter as tk
top = tk.Tk()
top.geometry("800×800+200+50")
top.title("Entry Test")
labelHello1 = tk.Label(top, text = "碳排放量计算",font=('Arial',30), fg = "red").
place(x=100,y=20)
entryCd = tk.Entry(top, text = "0",font=('Arial',30)).place(x=40,y=150)
btnCal = tk.Button(top, text = "计算" ,font=('Arial', 20)).place(x=30,y=300)
btnCa = tk.Button(top, text = "取消" ,font=('Arial', 20),command=top.quit).place(x
=410,y=300)
top.mainloop()
```

运行结果如图6-11所示。

图6-11　运行结果

三、知识链接：grid对齐方式

grid把组件空间分解成一个网格进行维护，即按照行、列的方式排列组件，组件位置由其所在的行号和列号决定：行号相同而列号不同的几个组件会被依次上下排列，列号相同而行号不同的几个组件会被依次左右排列。如图6-13所示。

	列号	0	1	2	3	4	5	6	7	8	9	10
行号												
0		0.0	0.1	0.2	0.3	0.4	0.5	0.6	0.7	0.8	0.9	0.10
1		1.0	1.1	1.2	1.3	1.4	1.5	1.6	1.7	1.8	1.9	1.10
2		2.0	2.1	2.2	2.3	2.4	2.5	2.6	2.7	2.8	2.9	2.10
3		3.0	3.1	3.2	3.3	3.4	3.5	3.6	3.7	3.8	3.9	3.10
4		4.0	4.1	4.2	4.3	4.4	4.5	4.6	4.7	4.8	4.9	4.10
5		5.0	5.1	5.2	5.3	5.4	5.5	5.6	5.7	5.8	5.9	5.10
6		6.0	6.1	6.2	6.3	6.4	6.5	6.6	6.7	6.8	6.9	6.10
7		7.0	7.1	7.2	7.3	7.4	7.5	7.6	7.7	7.8	7.9	7.10
8		8.0	8.1	8.2	8.3	8.4	8.5	8.6	8.7	8.8	8.9	8.10
9		9.0	9.1	9.2	9.3	9.4	9.5	9.6	9.7	9.8	9.9	9.10

图6-13　组件空间分解网格

下面以高频字统计为例，讲解grid布局。

在之前的学习中，定义一段文字，使用字典推导式进行统计，如程序6-11代码为：

程序6-11　grid布局

```
myc="我和我的祖国一刻也不能分割无论我走到哪里都流出一首赞歌我歌唱每一座高山,我歌唱每一条河,袅袅炊烟 小小村落 路上一道辙"
counts={}
for c in myc:
    counts[c]=counts.get(c,0)+1#使用字典推导式实现字符统计并返回字典
max_c=max(zip(counts.values(),counts.keys()))#统计最大或者最小值时需要先将键和值进行反转,用zip()
print(max_c)
```

下面使用GUI界面的方式,用户可以自己输入一段文字进行统计,为了使用方便,可以布局为如图6-14所示界面。

根据grid布局设计,四个控件的位置如图6-14所示。

0,0 标签位置	0,1 文本框位置跨两个格子	0,2 命令按钮按钮
1,0 文本框位置,跨三个格子		

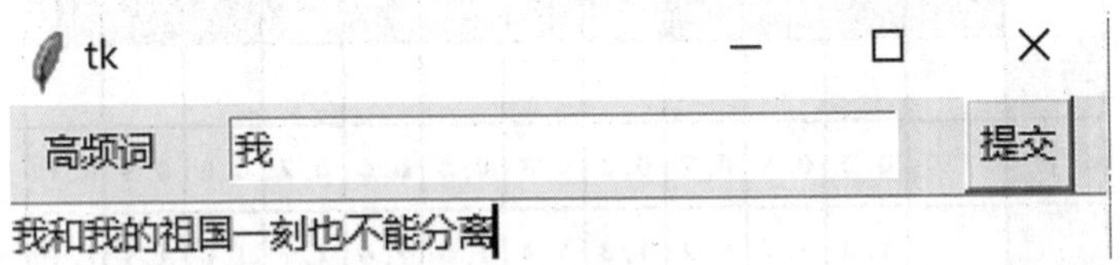

图6-14 高频字统计界面设计

程序6-12 高频字统计中的控件创建

```
import tkinter as tk
root=tk.Tk()
#元素创建区
T1=tk.Entry(width=30)
T2=tk.Entry(width=50)
B1=tk.Button(text= ' 提交 ' ,command= "")
L1=tk.Label(text= ' 高频词 ' )
#布局区
L1.grid(row= ' 0 ' ,column= ' 0 ' )
T1.grid(row= ' 0 ' ,column= ' 1 ' )
B1.grid(row= ' 0 ' ,column= ' 2 ' )
T2.grid(row= ' 2 ' ,column= ' 0 ' ,columnspan= ' 3 ' )
root.mainloop()
```

程序6-13 高频字统计

```
import tkinter as tk
root=tk.Tk()
def js():#函数功能定义
```

```
        myc=T2.get()
        counts={}
        for c in myc:
            counts[c]=counts.get(c,0)+1#使用字典推导式实现字符统计并返回字典
        print(counts)
        max_c=max(zip(counts.values(),counts.keys()))#统计最大或者最小值时需要先
将键和值进行反转,用zip()
        T1.delete(0,tk.END)
        T1.insert(0, max_c[1]) #显示高频字,数组的第一个位置(0号位)插入高频字
        T1.insert(1,max_c[0]) #显示频次
#元素创建区
T1=tk.Entry(root,width=40,font=15)
T2=tk.Entry(root,width=60,font=15)
B1=tk.Button(root,text= '提交 ',command=js,font=12)
L1=tk.Label(root,text= '高频词 ',font=12,height=6)
#布局区
L1.grid(row='0',column='0')
T1.grid(row='0',column='1')
B1.grid(row='0',column='2')
T2.grid(row='1',column='0',columnspan='3')
root.mainloop()
```

任务三　Tkinter 窗口跳转

一、知识链接:已有窗口间的跳转

Tkinter模块虽然能够开发出窗口程序,但是一个完整的桌面程序是有多个窗口存在并且相互之间可以进行跳转。跳转窗口自然就是需要有两个窗口存在,当第一个窗口的按钮组件执行后,跳出新窗口对应的功能。比如,在登录界面中,如果用户名、密码正确,允许登录后需进入系统,此时就要跳转到新的窗口界面。如果两个窗体文件都已经完成,则可以直接使用os.open(file, flags[, mode])方法打开文件。

os.popen()方法用于从一个命令打开一个文件,在Unix、Windows中都有效。

1. **语法**

popen()方法语法格式如下：

os.popen(command[, mode[, bufsize]])

2. **参数：**

command – 使用的命令。

mode – 模式权限可以是‘r’(默认) 或‘w’。

bufsize – 指明了文件需要的缓冲大小：0意味着无缓冲；1意味着行缓冲；其他正值表示使用参数大小的缓冲(大概值，以字节为单位)。负的bufsize意味着使用系统的默认值，一般来说，对于tty设备，它是行缓冲；对于其他文件，它是全缓冲。如果没有改参数，则使用系统的默认值。

Python有两种方法调用Shell脚本：os.system()和os.popen(),前者返回值是脚本的退出状态码，后者的返回值是脚本执行过程中的输出内容，所以可以先将程序生成exe文件(具体方法回看项目一中的打包文件方法)，然后将生成的exe文件放到工程文件下，执行os.popen('***.exe')就可以直接调用打开，如果直接调用的是py文件，则为文件的打开状态而非执行状态。

例如，在登录成功后进入随机选人程序如图6-15所示，可以使用os.popen('xr.exe')。

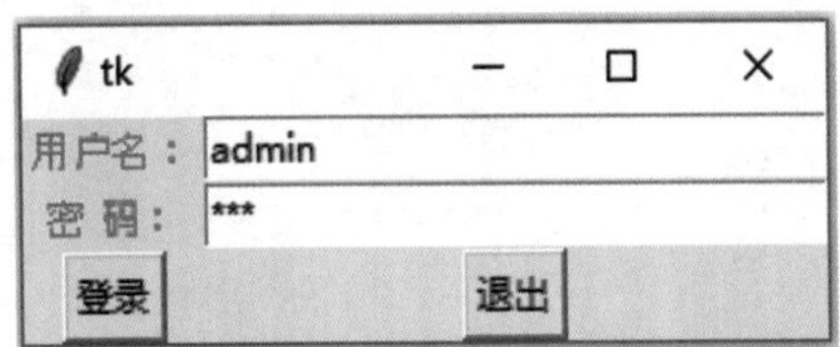

图6-15　登录成功进入随机选人的窗口跳转实现

程序6-14　登录成功进入随机选人的窗口跳转

```
import tkinter as tk
import os
import win32api
from tkinter import messagebox as msgbox
def login():
    if t1.get()=='admin'and t2.get() =='123':# B2["text"]获取B2按钮控件text属性的值
        #msgbox.showinfo("允许登录", "登录成功")
        #win32api.ShellExecute(0, 'open', 'xr.exe', '', '', 1)  # 也可以运行程序
        os.popen('xr.exe ')#先将程序生成exe文件，然后打开，打开的py文件不
```

```
会直接运行

        else:
            msgbox.showinfo("提示", "用户名或密码错误")
root=tk.Tk()
#元素创建区
l1=tk.Label(text = "用户名:", font=( 'Arial ',10), fg = "red")
t1=tk.Entry(width=30)
l2=tk.Label(text = "密  码:",font=( 'Arial ',10), fg = "red")
t2=tk.Entry(width=30,show="*")
b1=tk.Button(command=login,text= '登录 ')
b2=tk.Button(command=root.quit,text= '退出 ')
#布局区
l1.grid(row= '0 ',column= '0 ')
t1.grid(row= '0 ',column= '1 ')
l2.grid(row= '1 ',column= '0 ')
t2.grid(row= '1 ',column= '1 ')
b1.grid(row= '2 ',column= '0 ')
b2.grid(row= '2 ',column= '1 ')

root.mainloop()
```

二、知识链接:使用函数生成新的窗口

如果要跳转的窗口程序还未开发,可以直接通过函数创建新窗口,例如程序6-15。

程序6-15　窗口跳转

```
import tkinter as tk
def jiemian1():
    root1 = tk.Tk()
    bu1 = tk.Button(root1, text="第一个窗口", command=lambda: [root1.destroy
(), jiemian2()])
    bu1.grid(row=0, column=0)
```

```
        root1.mainloop()
def jiemian2():
        root2 = tk.Tk()
        bu1 = tk.Button(root2, text="第二个窗口", command=lambda: [root2.destroy(),
jiemian1()])
        bu1.grid(row=0, column=0)
        root2.mainloop()
jiemian1()
```

志愿者管理
系统讲解

任务四　青年志愿者系统开发

一、任务背景

联合国将志愿者(Volunteer)定义为“自愿进行社会公共利益服务而不获取任何利益、金钱、名利的活动者”。具体指在不为任何物质报酬的情况下,能够主动承担社会责任而不获取报酬,奉献个人时间和助人为乐行动的人。

在中国,志愿者是这样定义的:“在自身条件许可的情况下,参加相关团体,在不谋求任何物质、金钱及相关利益回报的前提下,在非本职职责范围内,合理运用社会现有的资源,服务于社会公益事业,为帮助有一定需要的人士,开展力所能及的、切合实际的,具有一定专业性、技能性、长期性服务活动的人。”

志愿者也叫义工、义务工作者或志工。他们致力于免费、无偿地为社会进步贡献自己的力量。

志愿服务是社会文明进步的重要标志,青年志愿者是其中最活跃、最突出的先锋力量。习近平总书记在北京冬奥会、冬残奥会总结表彰大会上指出:“广大志愿者用青春和奉献提供了暖心的服务,向世界展示了蓬勃向上的中国青年形象。”[①]这也是对青年志愿者在各领域、各地区热情服务、奉献社会的肯定和勉励。最新发布的《新时代的中国青年》白皮书显示,截至2021年年底,全国志愿服务信息系统中14岁至35岁的注册志愿者已超过9000万人。从社区管理到大型赛事、从扶贫助困到卫生健康、从应急救援到文化传承,青年志愿者服务已覆盖了经济社会发展、治理创新、文明进步、民生改善的方方面

①习近平:在北京冬奥会、冬残奥会总结表彰大会上的讲话[EB/OL].(2022-4-8)[2022-11-12].https://m.gmw.cn/baijia/2022-05/09/35720738.html

面，这支队伍日益成为正能量的倡导者、新风尚的践行者。

2022年6月，中国社科院发布《中国志愿服务发展报告(2021-2022)》。蓝皮书指出，十年来，我国志愿服务取得长足发展，注册志愿者人数从2012年的292万增长到2021年的2.17亿，增加74倍，目前约占总人口比例的15.4%。

志愿者服务内容涉及：①扶贫济困，帮助社区内生活有困难的居民。②帮老助残，帮助社区内的孤儿、孤寡老人、残疾人。③扶幼助弱，关爱幼儿和未成年人，帮助弱势群体。④环境保护，自觉维护和清扫社区内的环境卫生。⑤社会公益活动，积极参加社会公益活动。⑥大型社会活动，积极参与社会大型活动。

志愿服务是一项高尚的事业。志愿者所体现和倡导的"奉献、友爱、互助、进步"的精神，是中华民族助人为乐的传统美德和雷锋精神的继承、创新和发展。

作为新时代的大学生，共同倡议让志愿服务融入每个人的行动和记忆中。

本项目将采用图形用户界面方式实现青年志愿者管理系统的登录、信息的更新、查询、统计等功能。

二、任务描述

此系统以小组合作形式完成，每个成员完成其中的一部分界面，每个页面不依赖其他页面均可以独立运行，最后通过页面跳转的方式共同完成整个系统的功能。

进入青年志愿者管理系统前，需要进行登录验证，需输入账号、密码、验证码等，如图6-16所示。

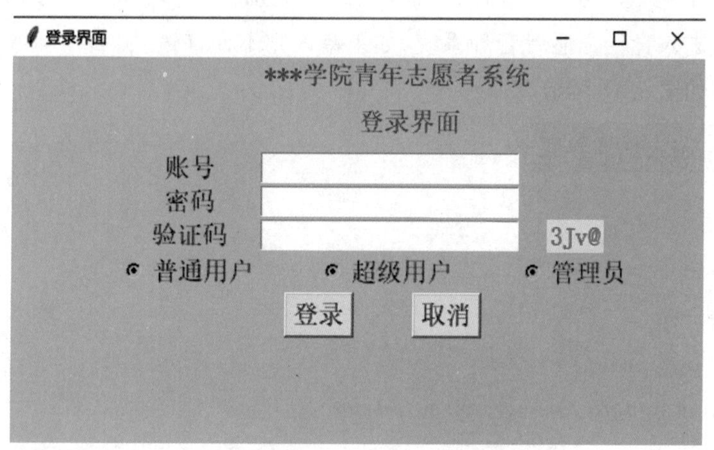

图6-16　青年志愿者管理系统登录页面

如果登录成功则进入如图6-17所示的功能界面。

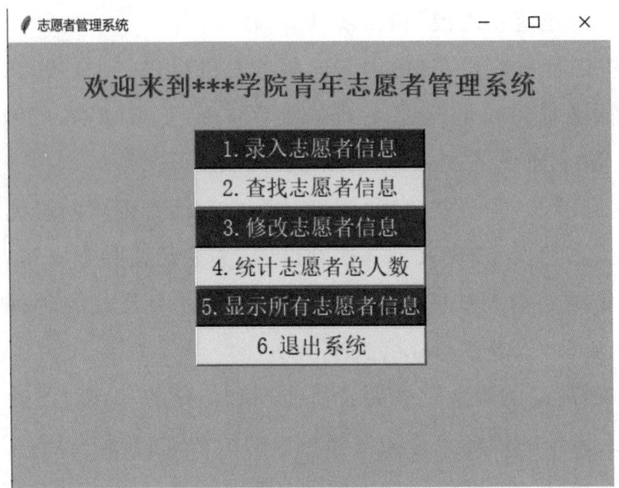

图6-17　系统界面

本系统中可以实现对青年志愿者信息的查询、修改、添加等操作，介绍了GUI开发及编程方法，并将文件、函数、列表、字典等进行了综合应用。以此系统为原型，可以衍生出多种信息系统。

三、任务实现

（一）用户登录界面

登录界面中包含了账号、密码、验证码、用户级别的选择，如果账号信息正确，点击"登录"按钮后进入青年志愿者管理系统，如果错误则不允许进入。

登录界面如图6-16所示。

程序6-16　登录界面

```
#登录界面
import random
import os
import tkinter as tk
from tkinter import messagebox as msgbox
import datetime
def cpture():
    a = chr(random.randint(48, 57))
    b = chr(random.randint(65, 90))
    c = chr(random.randint(97, 122))
```

```
    s = a + b + c+"@"
    return s
def a1():
    msgbox.showinfo("Showing", "成功登录")
    os.popen('vzl.exe')#先将程序生成exe文件,然后打开,打开的py文件不会直接运行
    pys.destroy()#登录窗口消失
def a2():
    msgbox.showwarning("Warning", "不允许登录")
def a3():
    #依次获取文本框中的值
    b1=entryCd.get()
    b2=entrypsd.get()
    b3=entryyzm.get()
    if b1=="admin" and b2=="123" and b3==B2["text"] :
        a1()
    else:
        a2()
pys = tk.Tk()
pys["background"] ='turquoise'
pys.geometry('550×300+400+200')
pys.title("登录界面")
cpture()#生成验证码
labelHello = tk.Label(pys, text = "     ***学院青年志愿者系统", height = 1, width=40,bg= 'turquoise ',foreground="blue",font=12)
label2 = tk.Label(pys, text = "登录界面",width=40, height = 2,bg='turquoise', foreground="blue",font=12)
labeluser = tk.Label(pys, text = "账号", height = 1,bg='turquoise',foreground="black",font=12)
entryCd = tk.Entry(pys, text = "5",font=15)#输入框设置
labelpsd = tk.Label(pys, text = "密码", height = 1,bg='turquoise',foreground="black",font=12)
entrypsd = tk.Entry(pys, text = " ",font=15,show="*")#输入框设置width=40,
B2 = tk.Label(pys, text="", fg="red", font=15)
```

```
B2.grid(row='4', column='4')
B2["text"] = cpture()#获取验证码
l3=tk.Label(pys,text="验证码",height=1,bg='turquoise',foreground="black",font=12)
entryyzm = tk.Entry(pys, text = "2",font=15)
btnCal = tk.Button(pys, text = "登录",command=a3,font=15)
button2 = tk.Button(pys, text = "取消",command=pys.quit,font=15)
dx1=tk.Radiobutton(pys, text = "普通用户", value = "green",bg= 'turquoise ',font=15)
dx2=tk.Radiobutton(pys, text = "超级用户", value = "red",bg='turquoise',font=15)
dx3=tk.Radiobutton(pys, text = "管理员", value = "blue",bg='turquoise',font=15)
lx = tk.Label(pys, text = "            ", height = 3,bg='turquoise',font=12)
labelHello.grid(row= '0 ',column= '2 ',columnspan=4)
label2.grid(row= '1 ',column= '2 ',columnspan=3)
labeluser.grid(row= '2 ',column= '2 ')
entryCd.grid(row= '2 ',column= '3 ')
labelpsd.grid(row= '3 ',column= '2 ')
entrypsd.grid(row= '3 ',column= '3 ')
l3.grid(row= '4 ',column= '2 ')
entryyzm.grid(row= '4 ',column= '3 ')
dx1.grid(row= '5 ',column= '2 ')
dx2.grid(row= '5 ',column= '3 ')
dx3.grid(row= '5 ',column= '4 ')
btnCal.grid(row= '6 ',column= '2 ',columnspan=2)
button2.grid(row= '6 ',column= '3 ',columnspan=2)
lx.grid(row= '7 ',column= '1 ')
pys.mainloop()
```

(二)管理系统功能展示界面

该界面为系统功能展示界面,依次包含了青年志愿者信息录入、查询、修改、统计、展示等功能。管理系统界面如图6-17所示。

每个命令按钮依次对应一个窗口,其对应关系如图6-18所示。

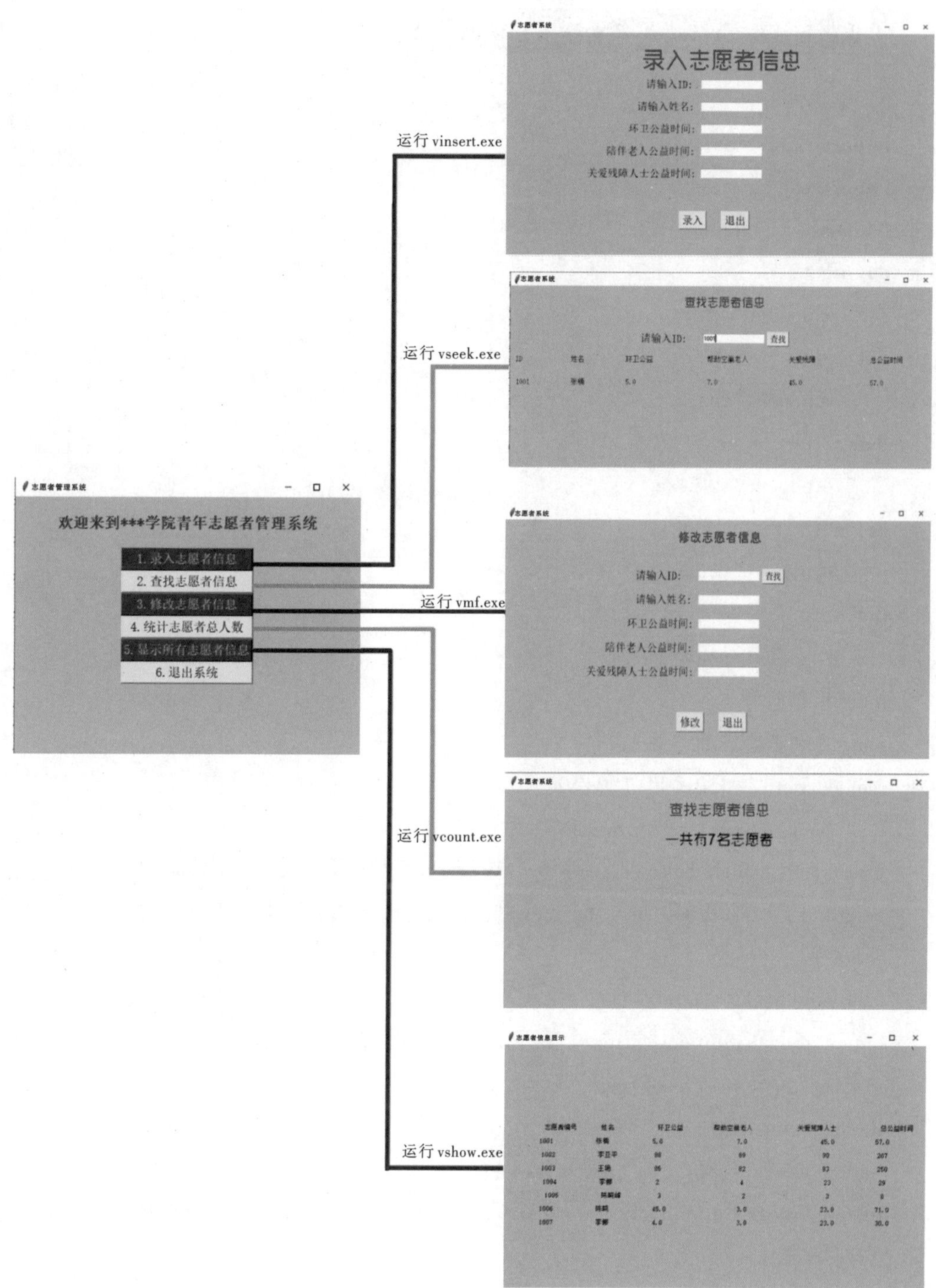

图 6-18　青年志愿者管理系统功能对应窗体示意图

程序6-17　青年志愿者管理系统功能界面

```
#总览界面
import tkinter as tk
import os
filename = 'volunteers.txt'
def a1():
    os.popen('vinsert.exe')
def a2():
    os.popen('vseek.exe')
def a3():
    os.popen('vmf.exe')
def a4():
    os.popen('vcount.exe')
def a5():
    os.popen('vshow.exe')
root=tk.Tk()
root.title("志愿者管理系统")
root.geometry('550x400+100+100')
root["background"] = "turquoise"
username = tk.Label(root, text = "欢迎来到***学院青年志愿者管理系统",
height = 3, width=40, bg= "turquoise", foreground= "firebrick4", font= ("宋体", 18,
"bold"))
username.pack()
button_one=tk.Button(root,text='1.录入志愿者信息',command=a1,width=20, font=
'宋体',bg='firebrick4',fg='white')
button_one.pack()
button_one = ('white', 'firebrick4')
button_two=tk.Button(root, text='2.查找志愿者信息',command=a2, width=20, font=
'宋体')
button_two.pack()
button_four=tk.Button(root, text='3.修改志愿者信息',command=a3, width=20, font=
'宋体',bg='firebrick4',fg='white')
button_four.pack()
```

```
button_six=tk.Button(root, text='4.统计志愿者总人数', command=a4,width=20,
font= '宋体')
button_six.pack()
button_seven=tk.Button(root, text= '5.显示所有志愿者信息',command=a5,width=
20, font= '宋体',bg= 'firebrick4',fg= 'white')
button_seven.pack()
button_eight=tk.Button(root, text= '6.退出系统',command=root.quit,width=20, font=
'宋体')
button_eight.pack()
root.mainloop()
```

(三)青年志愿者信息录入界面

青年志愿者信息录入界面中包含了录入志愿者ID、姓名、参加环卫公益时间、关爱老人公益时间、关爱残障人士公益时间。录入志愿者信息界面如图6-19所示。

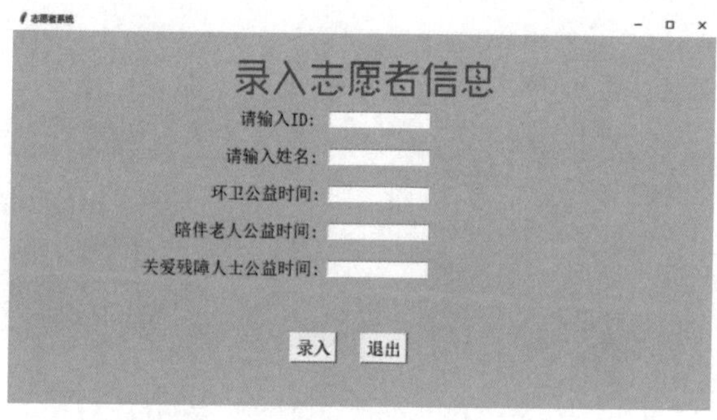

图6-19　志愿者信息录入界面

程序6-18　志愿者信息录入界面

```
#录入志愿者信息
import tkinter as tk
from tkinter import messagebox as msgbox
filename = 'volunteers.txt'
lr1 = tk.Tk()
lr1.title("志愿者系统")
lr1.geometry("1000x500+100+200")
lr1["background"] = "turquoise"
```

```
z1 = tk.Label(lr1, text="录入志愿者信息",bg= 'turquoise ', font=( 'Arial ', 40),
height=2, width=30, fg="blue")
z1.pack()
def lr():
    volunteer_list = []
    id = E1.get()
    name = E2.get()
    vol_hw = float(E3.get())
    vol_pb = float(E4.get())
    vol_gl = float(E5.get())
    with open(filename,  'r ', encoding= 'utf-8 ') as rfile:
        volunteer = rfile.readlines()
        for item in volunteer:
            d = dict(eval(item))
    volunteer={'id ':id, 'name ':name, 'vol_hw ':vol_hw, 'vol_pb ':vol_pb, 'vol_gl ':vol_gl}
    volunteer_list.append(volunteer)
    msgbox.showwarning("提示", "志愿者信息录入完毕!!!")
    save(volunteer_list)
def save(lst):
    try:
        stu_txt = open(filename, 'a ', encoding= 'utf-8 ')
    except:
        stu_txt = open(filename, 'w ', encoding= 'utf-8 ')
        msgbox.showwarning("提示", "志愿者信息录入完毕!!!")
    for item in lst:
        stu_txt.write(str(item)+ '\n ')
    stu_txt.close()
l1 = tk.Label(text="请输入ID: ",bg= 'turquoise ', font=("STXINGKA", 18))
l1.place(x=320,y=100)
E1 = tk.Entry(lr1,width=20)
E1.place(x=450,y=105)
l2 = tk.Label(text="请输入姓名: ",bg= 'turquoise ', font=("STXINGKA", 18))
l2.place(x=300,y=150)
```

```
c1 = tk.Label(text="环卫公益时间: ",bg= 'turquoise ', font=("STXINGKA", 18))
c1.place(x=280,y=200)
E3 = tk.Entry(lr1,width=20)
E3.place(x=450,y=205)
c2 = tk.Label(text="陪伴老人公益时间:",bg='turquoise', font=("STXINGKA", 18))
c2.place(x=230,y=250)
E4 = tk.Entry(lr1,width=20)
E4.place(x=450,y=255)
c3 = tk.Label(text="关爱残障人士公益时间:",bg='turquoise',font=("STXINGKA",
18))
c3.place(x=185,y=300)
E5 = tk.Entry(lr1,width=20)
E5.place(x=450,y=305)
E2 = tk.Entry(width=20)
E2.place(x=450,y=155)
B1 = tk.Button(text="录入", command=lr,font=("STXINGKA", 18))
B1.place(x=400,y=400)
B2 = tk.Button(text="退出",command=lr1.quit, font=("STXINGKA", 18))
B2.place(x=500,y=400)
lr1.mainloop()
```

(四)青年志愿者信息查询界面

青年志愿者信息查询界面主要是通过志愿者的ID号查找志愿者信息,查找志愿者信息界面如图6-20所示。

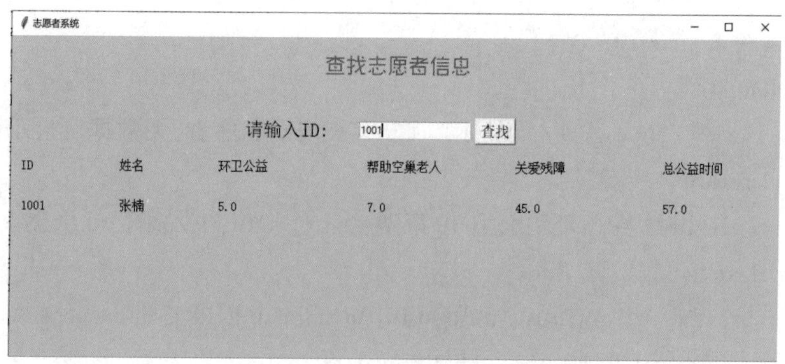

图6-20　青年志愿者信息查询界面

程序 6-19　青年志愿者信息查询界面

```
#查找志愿者信息
import tkinter as tk
import os
from tkinter import messagebox as msgbox
filename ='volunteers.txt'
def search():
    volunteer_query = []
    while True:
        if os.path.exists(filename):
            id =E1.get()
            with open(filename, 'r', encoding='utf-8') as rfile:
                volunteer = rfile.readlines()
                for item in volunteer:
                    d = dict(eval(item))
                    if id != ' ':
                        if d['id'] == id:
                            volunteer_query.append(d)
                # 显示查询结果
                show_volunteer(volunteer_query)
                # 清空列表,保证第二次查询时有效
                volunteer_query.clear()
                break
        else:
            print('暂未保存志愿者信息')
            return
def show_volunteer(lst):
    if len(lst) == 0:
        msgbox.showwarning("提示", "没有查询到志愿者,无数据可显示!!!")
        return
    bt1=( 'ID\t\t姓名\t\t环卫公益\t\t帮助空巢老人\t\t关爱残障\t\t总公益时间\n ')
    for d in lst:
        bt2=('{}\t\t{}\t\t{}\t\t\t{}\t\t\t{}\t\t\t{}\n'.format(d['id'], d['name'],
            d['vol_hw'], d['vol_pb'], d['vol_gl'],
```

```
            d['vol_hw'] + d['vol_pb'] + d['vol_gl']))
    l2 = tk.Label(text=bt1, bg='turquoise', font=("STXINGKA", 12))
     # , font=("STXINGKA", 18)
    l2.place(x=10, y=150)
    l3 = tk.Label(text=bt2, bg='turquoise', font=("STXINGKA", 12))
     # , font=("STXINGKA", 18)
    l3.place(x=10, y=200)
cz = tk.Tk()
cz["background"] = "turquoise"
cz.title("志愿者系统")
cz.geometry("1000x400+100+200")

z1 = tk.Label(cz, text="查找志愿者信息", font=('Arial', 20), height=2, width=
30, fg="blue",bg= 'turquoise ')
# bg="turquoise",foreground="firebrick4"
z1.pack()
l1 = tk.Label(text="请输入ID: ", font=("STXINGKA", 18),bg='turquoise')
l1.place(x=300,y=100)
E1 = tk.Entry(cz,width=20)
E1.place(x=450,y=105)
B2 = tk.Button(text="退出",command=cz.quit, font=("STXINGKA", 18))
B2.place(x=500,y=400)
B3 = tk.Button(text="查找", command=search,font=("STXINGKA", 14))
B3.place(x=600,y=100)
cz.mainloop()
```

(五)青年志愿者信息修改界面

青年志愿者信息修改中先通过ID查找到原始信息，然后在相应的文本框中录入新的信息，点击“修改”按钮后，实现青年志愿者信息的更新。修改志愿者信息界面如图6-21所示。

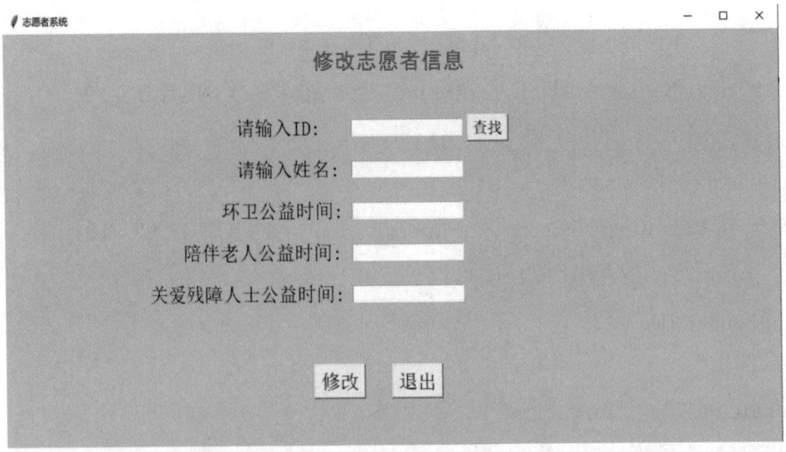

志愿者系统

修改志愿者信息

请输入ID: 查找

请输入姓名:

环卫公益时间:

陪伴老人公益时间:

关爱残障人士公益时间:

修改 退出

图 6-21 青年志愿者信息修改界面

程序 6-20 青年志愿者信息修改界面

```
#修改志愿者信息
import os
import tkinter as tk
from tkinter import messagebox as msgbox
filename = 'volunteers.txt'

def a1():
    os.popen('vseek.exe')

def search():
    volunteer_query = []
    while True:
        id = ''
        name = ''
        if os.path.exists(filename):
            id = E1.get()
            with open(filename, 'r', encoding='utf-8') as rfile:
                volunteer = rfile.readlines()
                for item in volunteer:
                    d = dict(eval(item))
                    if id != '':
```

```
                    if d['id'] == id:
                        volunteer_query.append(d)
                elif name != ' ':
                    if d['name'] == name:
                        volunteer_query.append(d)
            # 显示查询结果
            show_volunteer(volunteer_query)
            # 清空列表,保证第二次查询时有效
            volunteer_query.clear()
            break

    else:
        print('暂未保存该志愿者信息')
        return

def show_volunteer(lst):
    if len(lst) == 0:
        # print('没有查询到志愿者,无数据可显示!!!')
        msgbox.showwarning("提示", "没有查询到志愿者,无数据可显示!!!")

        return
    # 定义标题显示格式
    bt1 = ('ID\t\t姓名\t\t环卫公益\t\t帮助空巢老人\t\t关爱残障\t\t总公益时间\n')

    for d in lst:
        bt2 = (
            '{}\t\t{}\t\t{}\t\t\t{}\t\t\t{}\t\t\t{}\n'.format(d['id'], d['name'],
            d['vol_hw'], d['vol_pb'], d['vol_gl'],
            d['vol_hw'] + d['vol_pb'] + d['vol_gl']))
        to2 = tk.Tk()
        to2.title("志愿者系统")
        to2.geometry("1000x500+300+200")
        z1 = tk.Label(to2, text=bt1, font=20)
```

```
        z1.pack()
        z2 = tk.Label(to2, text=bt2, font=20)
        z2.pack()
        z3=tk.Button(to2,text="确定",command=to2.quit, font=("STXINGKA", 18))
        z3.place(x=500, y=400)  # to1.destroy()

def modify():
    if os.path.exists(filename):
        with open(filename, 'r', encoding='utf-8') as rfile:
            volunteer_old = rfile.readlines()
    else:
        return
    volunteer_id = E1.get()
    with open(filename, 'w', encoding='utf-8') as wfile:
        for item in volunteer_old:
            d = dict(eval(item))
            if volunteer_id == d['id']:
                while True:
                    try:
                        d['name'] = E2.get()
                        d['vol_hw'] = float(E3.get())
                        d['vol_pb'] = float(E4.get())
                        d['vol_gl'] = float(E5.get())
                    except:

                        msgbox.showwarning("提示","您的输入有误,请重新输入!!!")
                    else:
                        break
                wfile.write(str(d) + '\n')
                msgbox.showwarning("提示", "志愿者信息修改完毕!!!")
            else:
                wfile.write(str(d) + '\n')
to1 = tk.Tk()
```

```
to1["background"] = "turquoise"
to1.title("志愿者系统")
to1.geometry("1000x500+100+200")
z1 = tk.Label(to1, text="修改志愿者信息", font=('Arial', 20), height=2, width=
30, fg="blue",bg='turquoise')
z1.pack()

l1 = tk.Label(text="请输入ID: ", font=("STXINGKA", 18),bg='turquoise')
l1.place(x=300,y=100)
E1 = tk.Entry(to1,width=20)
E1.place(x=450,y=105)
l2 = tk.Label(text="请输入姓名: ",bg='turquoise', font=("STXINGKA", 18))
l2.place(x=300,y=150)

c1 = tk.Label(text="环卫公益时间: ",bg='turquoise', font=("STXINGKA", 18))
c1.place(x=280,y=200)
E3 = tk.Entry(to1,width=20)
E3.place(x=450,y=205)
c2 = tk.Label(text="陪伴老人公益时间:",bg='turquoise', font=("STXINGKA", 18))
c2.place(x=230,y=250)
E4 = tk.Entry(to1,width=20)
E4.place(x=450,y=255)
c3 = tk.Label(text="关爱残障人士公益时间:",bg='turquoise', font=("STXING-
KA", 18))
c3.place(x=185,y=300)
E5 = tk.Entry(to1,width=20)
E5.place(x=450,y=305)
E2 = tk.Entry(width=20)
E2.place(x=450,y=155)
B1 = tk.Button(text="修改", command=modify,font=("STXINGKA", 18))
B1.place(x=400,y=400)
B2 = tk.Button(text="退出",command=to1.quit, font=("STXINGKA", 18))
B2.place(x=500,y=400)
```

```
B3 = tk.Button(text="查找", command=a1,font=("STXINGKA", 14))
B3.place(x=600,y=100)
to1.mainloop()
```

（六）青年志愿者信息统计界面

青年志愿者信息统计界面主要实现志愿者数量的统计，志愿者信息统计界面如图6-22所示。

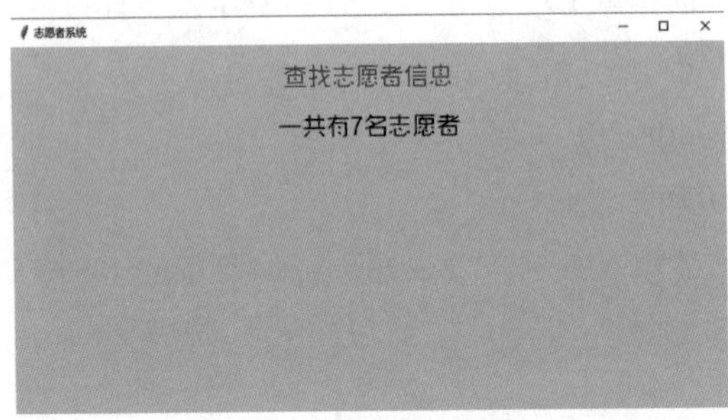

图6-22　青年志愿者信息统计界面

程序6-21　青年志愿者信息统计界面

```
#统计志愿者信息
import tkinter as tk
import os
from tkinter import messagebox as msgbox
filename ='volunteers.txt'
cz = tk.Tk()
cz["background"] = "turquoise"
cz.title("志愿者系统")
cz.geometry("800x400+150+200")
z1 = tk.Label(cz, text="查找志愿者信息", font=( 'Arial',20),height=2, width=30,
fg="blue",bg='turquoise')
# bg="turquoise",foreground="firebrick4"
z1.pack()
# def total():
if os.path.exists(filename):
    with open(filename, 'r', encoding= 'utf-8') as rfile:
```

```
            volunteers = rfile.readlines()
            if volunteers:
                # print( '一共有{}名志愿者。'.format(len(volunteers)))
                l2 = tk.Label(text='一共有{}名志愿者 '.format(len(volunteers)),
                              bg = 'turquoise ', font=("Arial", 20))
                l2.pack()

            else:
                l2 = tk.Label(text= '还未录入志愿者信息 '.format(len(volunteers)),
                              bg= 'turquoise ',fg= 'red ',
                              font=("STXINGKA", 50)) # , font=("STXINGKA", 18)
                l2.place(x=200, y=150)
    else:
        print( '暂未保存数据信息。')
    cz.mainloop()
```

(七)青年志愿者信息展示界面

青年志愿者信息展示界面可以实现所有青年志愿者信息的浏览,志愿者信息显示界面如图6-23所示。

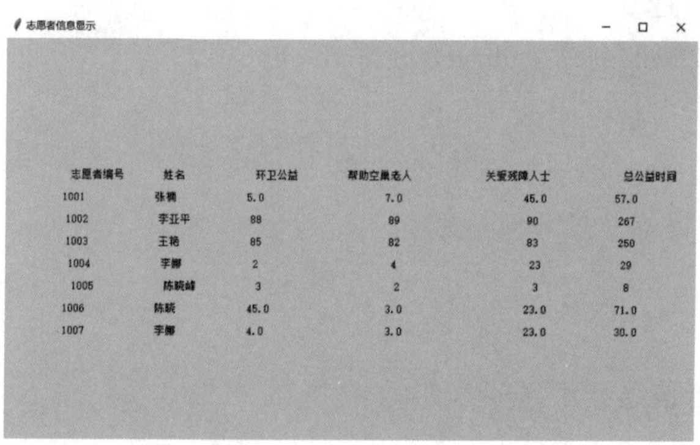

图6-23 青年志愿者信息展示界面

程序6-22 青年志愿者信息展示界面

```
#显示志愿者信息
import tkinter as tk
```

```
filename = 'volunteers.txt'
def show():
    volunteer_lst = []
    with open(filename, 'r', encoding='utf-8') as rfile:
        volunteers = rfile.readlines()
        for item in volunteers:
            volunteer_lst.append(eval(item))
            show_volunteer(volunteer_lst)

#读取volunteers.txt中的值按照显示格式存储到1.txt中
def show_volunteer(lst):
    with open('1.txt', 'w')as f:
        # 把打印结果重新写入文件1.txt,写入前清空1.txt
        print( '\t志愿者编号\t姓名\t\t环卫公益\t\t帮助空巢老人\t\t关爱残障人
士\t\t总公益时间\n', file=f)
    for d in lst:
            with open('1.txt', 'a')as f:
                # 把打印结果以追加方式写入文件1.txt

print('{}\t\t{}\t\t{}\t\t\t{}\t\t\t{}\t\t{}\n'.format(d['id'], d['name'], d['vol_hw'],
d['vol_pb '], d['vol_gl'],
d['vol_hw'] + d['vol_pb'] + d['vol_gl ']),file=f)
show()#调用显示信息函数

#以下代码功能是将其显示到标签中
filename="1.txt"
root = tk.Tk()
root.title("志愿者信息显示")
with open(filename, 'r') as rfile:
    volunteer = rfile.read()
labelshow = tk.Label(root, text = volunteer, height = 40,width=120,bg="turquoise",
foreground="black",font=( '宋体 ',10))
labelshow.grid(row=1, column=1)
root.mainloop()
```

任务五　使用Tkinter模块中的Canvas制作系统logo

一、知识链接：认识Tkinter模块中的Canvas

Tkinter模块中的Canvas（画布）组件可以用来绘制图形和图表，创建图形编辑器，并实现各种自定义的小部件，如线段、圆形、多边形等。Canvas控件具有两个功能，首先它可以用来绘制各种图形，比如弧形、线条、椭圆形、多边形和矩形等，其次Canvas控件还可以用来展示图片（包括位图），我们将这些绘制在画布控件上的图形，称之为“画布对象”。

每一个画布对象都有一个“唯一身份ID”，这是Tkinter自动为其创建的，从而方便控制和操作这些画布对象。

通过Canvas控件创建一个简单的图形编辑器，让用户可以达到自定义图形的目的，就像使用画笔在画布上绘画一样，可以绘制各式各样的形状，可以有更好的人机交互体验。

（一）参数说明

background(bg)：背景色；

foreground(fg)：前景色；

borderwidth：组件边框宽度；

width：组件宽度；

height：高度；

bitmap：位图；

imag：图片。

（二）Canvas控件基本属性

下面对Canvas控件的常用属性做简单的介绍，如表6-7所示。

表6-7　Canvas控件的常用属性

属性	方法
background(bg)	指定Canvas控件的背景颜色
borderwidth(bd)	指定Canvas控件的边框宽度
closeenough	1. 指定一个距离，当鼠标与画布对象的距离小于该值时，认为鼠标位于画布对象上 2. 该选项是一个浮点类型的值
confine	指定Canvas控件是否允许滚动超出scrollregion选项设置的滚动范围，默认值为True
selectbackground	指定当画布对象（即在Canvas画布上绘制的图形）被选中时的背景色
selectborderwidth	指定当画布对象被选中时的边框宽度（选中边框）

续表

属性	方法
selectforeground	指定当画布对象被选中时的前景色
state	设置Canvas的状态:"normal"或"disabled",默认值是"normal",注意,该值不会影响画布对象的状态
takefocus	指定使用Tab键可以将焦点移动到输入框中,默认为开启,将该选项设置为False避免焦点在此输入框中
width	指定Canvas的宽度,单位为像素
xscrollcommand	与scrollbar(滚动条)控件相关联(沿着x轴水平方向)
xscrollincrement	1. 该选项指定Canvas水平滚动的“步长”; 2. 例如'3c'表示3厘米,还可以选择的单位有'i '(英寸),'m '(毫米)和 'p'(DPI,大约是'1i '等于'72p '); 3. 默认为0,表示可以水平滚动到任意位置
yscrollcommand	与 scrollbar 控件(滚动条)相关联(沿着 y 轴垂直方向)
yscrollincrement	1. 该选项指定Canvas垂直滚动的“步长”; 2. 例如 '3c '表示3厘米,还可以选择的单位有'i '(英寸), 'm '(毫米)和 'p '(DPI,大约是 '1i '等于'72p'); 3. 默认值是0,表示可以垂直方向滚动到任意位置

二、知识链接:Canvas控件绘图常用方法

Canvas绘图的方法主要有以下几种:

create_arc:椭圆圆弧;

create_arc(x1,y1,x2,y2,start=0,extent=120,tag='1')　　#x1,y1和x2,y2分别为椭圆圆弧外接矩形的左上角和右下角坐标;从0度,扩充到120度;圆弧别名为: '1 ';

create_bitmap:绘制位图,支持XBM;

create_image:绘制图片,支持GIF(x,y,image,anchor);

create_line:绘制直线(坐标罗列);

create_oval:绘制椭圆;

create_polygon:绘制多边形(坐标依次罗列,不用加括号,还有参数,fill,outline);

create_rectangle:绘制矩形((a,b,c,d),值为左上角和右下角的坐标;

create_text:绘制文字(字体参数font);

create_window:绘制窗口;

delete:删除绘制的图形;delete('all ')清除所有图形;或清除指定别名的图形;

itemconfig:修改图形属性,第一个参数为图形的ID,后边为想修改的参数;

Move:移动图像(1,4,0),1为图像对象,4为横移4像素,0为纵移像素,然后用root.update()刷新即可看到图像的移动,为了使多次移动变得可视,最好加上time.sleep()函数或canvas.after()函数;

coords(ID):返回对象的位置的两个坐标(4个数字元组);只要用create_方法画了一个图形,就会自动返回一个ID,创建一个图形时将它赋值给一个变量,需要ID时就可以使用这个变量名;

after(100)程序在这里暂停100毫秒;

Cansvas:控件提供了一系列绘制几何图形的常用方法,下面对这些方法做简单介绍,如表6-8所示。

表6-8　绘制几何图形的常用方法

方法	说明
create_line(x0, y0, x1, y1, ... , xn, yn, options)	1. 根据给定的坐标创建一条或者多条线段; 2. 参数x0,y0,x1,y1,...,xn,yn定义线条的坐标; 3. 参数options表示其他可选参数
create_oval(x0, y0, x1, y1, options)	1. 绘制一个圆形或椭圆形; 2. 参数x0与y0定义绘图区域的左上角坐标;参数x1与y1定义绘图区域的右下角坐标; 3. 参数options表示其他可选参数
create_polygon(x0, y0, x1, y1, ... , xn, yn, options)	1. 绘制一个至少三个点的多边形; 2. 参数x0、y0、x1、y1、...、xn、yn定义多边形的坐标; 3. 参数options表示其他可选参数
create_rectangle(x0, y0, x1, y1, options)	1. 绘制一个矩形; 2. 参数x0与y0定义矩形的左上角坐标;参数x与y1定义矩形的右下角坐标; 3. 参数options 表示其他可选参数
create_text(x0, y0, text, options)	1. 绘制一个文字字符串; 2. 参数 x0 与 y0 定义文字字符串的左上角坐标,参数 text 定义文字字符串的文字; 3. 参数 options 表示其他可选参数
create_image(x, y, image)	1. 创建一个图片; 2. 参数x与y定义图片的左上角坐标; 3. 参数image定义图片的来源,必须是tkinter模块的BitmapImage类或PhotoImage类的实例变量
create_bitmap(x, y, bitmap)	1. 创建一个位图; 2. 参数x与y定义位图的左上角坐标; 3. 参数bitmap定义位图的来源,参数值可以是gray12、gray25、gray50、gray75、hourglass、error、questhead、info、warning 或 question,或者也可以直接使用 XBM(X Bitmap)类型的文件,此时需要在XBM 文件名称前添加一个 @ 符号,例如 bitmap=@hello.xbm

续表

方法	说明
create_arc(coord, start, extent, fill)	1. 绘制一个弧形； 2. 参数coord定义画弧形区块的左上角与右下角坐标； 3. 参数start定义画弧形区块的起始角度(逆时针方向)； 4. 参数extent定义画弧形区块的结束角度(逆时针方向)； 5. 参数fill定义填充弧形区块的颜色

注意:上述方法都会返回一个画布对象的唯一ID。关于options参数,下面会通过一个示例对经常使用的参数做相关介绍(但由于可选参数较多,并且每个方法中的参数作用大同小异,因此对它们不再逐一列举)。

从上述表格不难看出,Canvas控件采用了坐标系的方式来确定画布中的每一点。一般情况下,默认主窗口的左上角为坐标原点,这种坐标系被称作为"窗口坐标系",但也会存在另外一种情况,即画布的大小可能大于主窗口,当发生这种情况时,可以采用带滚动条的Canvas控件,此时会以画布的左上角为坐标原点,我们将这种坐标系称为"画布坐标系"。

程序6-23　用Canvas的create_oval方法画矩形

```
from tkinter import *
import time
# 创建窗口
root = Tk()
# 创建并添加Canvas
cv = Canvas(root, background= 'white ')
cv.pack(fill=BOTH, expand=YES)
ls1=["yellow","red","white","blue","green","yellow","red","white","blue","green"]
for i in range(1,10):
    cv.create_rectangle(8*i, 8*i, 200-8*i, 200-8*i,outline=ls1[i-1],fill=ls1[10-i],
width=8)
    time.sleep(0.2)#延时
    root.update()#刷新窗口,否则看不到效果
root.mainloop()
```

运行结果如图6-24所示。

图6-24　运行结果

程序6-24　绘制各种图像

```
#canvas绘制图形
from tkinter import *
root = Tk()
# 设置主窗口区的背景颜色以区别画布区的颜色
root.config(bg='#8DB6CD')
root.title("关于画布的学习")
root.geometry('500x400')
#root.iconbitmap('wan.ico')
# 将画布设置为白色
canvas = Canvas(root,width = 400,height = 400,bg='pink')
# 设置基准坐标
x0,y0,x1,y1 = 10,10,80,80
# 绘制扇形,起始角度为 0 度,结束角度为270, 扇形区域填充色为淡蓝色,轮廓线为蓝色,线宽为 2px
arc = canvas.create_arc(x0+30, y0+30, x1+120, y1+120,start = 0, extent = 90, fill = '#B0E0E6 ',outline = 'blue ',width = 2)
# 绘制圆形
oval = canvas.create_oval(x0+250, y0+170, x1+250, y1,fill = 'yellow',outline = 'red ', width=2)
# 绘制矩形,并将轮廓线设置为透明色,即不显示最外围的轮廓线,默认为黑色
rect = canvas.create_rectangle(x0,y0+100,x1,y1+100,fill= 'blue',outline ='yellow')
# 绘制一个三角形,填充色为绿色
```

```
trigon = canvas.create_polygon(120,170,150,245,180,120, outline="", fill="white",)
# 当然也可以绘制一个任意多边形,只要你的坐标正确就可以
# 绘制一个多边形,首先定义一系列的多边形上的坐标点
#修改为一个6边形
poly_points=[(140,270),(200,190),(300,190),(360,270),(300,350),(200,350)]
polygon = canvas.create_polygon(poly_points,fill="orange")
# 放置画布在主窗口
canvas.pack()
# 显示窗口
root.mainloop()
```

运行结果如图6-25所示。

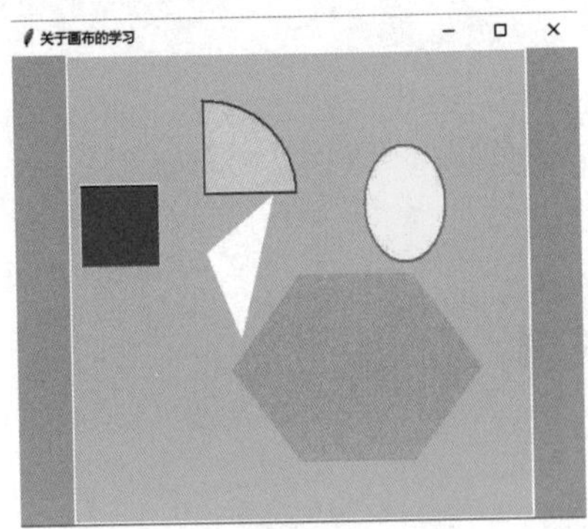

图6-25 运行结果

任务六 制作计算器

一、欢迎界面

制作一个欢迎使用计算器的界面,可以选择基础版和高级版,如图6-26所示。

图6-26 计算器界面

程序 6-25　欢迎界面

```
from tkinter import *
from functools import partial
import tkinter.font as tkFont
import os

def tz1():
    os.popen('计算器基础.exe')
def tz2():
    os.popen('计算器高级.exe')

def cal():
    root=Tk()
    root.title("欢迎")
    root.geometry('550x150')
    root.configure(background='#ffe5ad')
    #元素创建区
    l1=Label(text = "欢迎使用Python编程版计算器",
    font=('Arial',20),fg='black',background='#ffe5ad')
    b1=Button(text='进入基础版',bg='#855e42',
    fg='white',relief='flat',width=10,
    command=lambda: [tz1(),root.destroy()],
    activebackground= '#ffffff')
    b2 = Button(text='进入高级版', bg='#855e42',
    fg='white',relief='flat',width=10,
    command=lambda: [tz2(),root.destroy()],
    activebackground='#ffffff')
    b3 = Button(text='退出',bg='#855e42',fg='white',relief='flat',width=10,
                        command=root.quit, activebackground= '#ffffff')
#布局区
    l1.grid(row=0, column=1)
    b1.grid(row=1, column=0)
    b2.grid(row=1, column=1)
```

```
    b3.grid(row=1, column=2)
    root.mainloop()
if __name__ == '__main__':
    cal()
```

二、基础版计算器

在基础版中可以完成加、减、乘、除等功能，并能够跳转到高级版和退出计算机窗口。基础版计算机如图6-27所示。

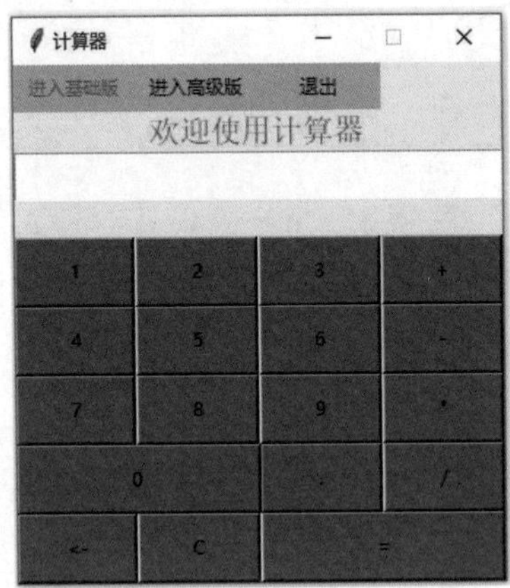

图6-27　基础版计算器

程序6-26　基础版计算器

```
from tkinter import *
from functools import partial
import tkinter.font as tkFont
import os

def tz():
    os.popen('计算器高级.exe')

def get_input(entry, argu):
    entry.insert(END, argu)
def backspace(entry):
```

```
        input_len = len(entry.get())
        entry.delete(input_len - 1)

def clear(entry):
        entry.delete(0, END)

def calc(entry):
        input = entry.get()
        output = str(eval(input.strip()))
        clear(entry)
        entry.insert(END, output)

def cal():
        root= Tk()
        root.title("计算器")
        root.resizable(0,0)
        root.configure(background="#ffe5ad")
        entry_font = tkFont.Font(size=20)
        entry = Entry(root, justify="right", font=entry_font)#输入框
        button_font = tkFont.Font(size=10, weight=tkFont.BOLD)
        button_bg =  '#855e42'#按钮背景色
        button_active_bg = '#de7e5d'#按钮按下去时背景色
        myButton = partial(Button, root, bg=button_bg, padx=25, pady=8, width=3,
                              activebackground = button_active_bg)
        # 元素创建区
        l1=Label(text='欢迎使用计算器',font=12,fg='#855e42',background='#ffe5ad')
        button0 = myButton(text= '0', command=lambda: get_input(entry, '0'))#按钮0
        button1 = myButton(text='1', command=lambda: get_input(entry, '1'))#按钮1
        button2 = myButton(text='2', command=lambda: get_input(entry, '2'))#按钮2
        button3 = myButton(text='3', command=lambda: get_input(entry, '3'))#按钮3
        button4 = myButton(text= '4', command=lambda : get_input(entry, '4'))#按钮4
        button5 = myButton(text='5', command=lambda : get_input(entry, '5'))#按钮5
        button6 = myButton(text='6', command=lambda : get_input(entry, '6'))#按钮6
```

```
button7 = myButton(text='7', command=lambda : get_input(entry, '7'))#按钮7
button8 = myButton(text='8', command=lambda : get_input(entry, '8'))#按钮8
button9 = myButton(text='9', command=lambda : get_input(entry, '9'))#按钮9
button10 = myButton(text='+', command=lambda: get_input(entry, '+'))#按钮+
button11 = myButton(text='-', command=lambda : get_input(entry, '-'))#按钮-
button12 = myButton(text='*', command=lambda : get_input(entry, '*'))#按钮*
button13 = myButton(text='.', command=lambda : get_input(entry, '.'))#按钮.
button14 = myButton(text='/',command=lambda : get_input(entry, '/'))#按钮/
button15 = myButton(text=' <- ',command=lambda : backspace(entry), active-
background=button_active_bg)#按钮<-
button16 = myButton(text=' C ',command=lambda : clear(entry), activeback-
ground=button_active_bg)#按钮C
button17 = myButton(text='=',command=lambda : calc(entry), activebackground
=button_active_bg)#按钮=
button21 = Button(text='进入基础版', bg='#beae8a', fg='#000000',relief='flat',
width=10, state='disabled', activebackground='#ffffff')
button22 = Button(text='进入高级版', bg='#beae8a', fg='#000000',relief='flat',
width=10, command=lambda : [tz(),root.destroy()], activebackground='#ffffff')
button23 = Button(text='退出', bg='#beae8a', fg='#000000',relief='flat',width=
10, command=root.quit, activebackground='#ffffff')
l2=Label(text="" ,bg='#ffe5ad')

# 布局区
l1.grid(row=1,column=0,columnspan=4)
entry.grid(row=2, column=0, columnspan=4, sticky=N + W + S + E)
button0.grid(row=8, column=0, columnspan=2, sticky=N + S + E + W)
button1.grid(row=5, column=0)
button2.grid(row=5, column=1)
button3.grid(row=5, column=2)
button4.grid(row=6, column=0)
button5.grid(row=6, column=1)
button6.grid(row=6, column=2)
button7.grid(row=7, column=0)
```

```
    button8.grid(row=7, column=1)
    button9.grid(row=7, column=2)
    button10.grid(row=5, column=3)
    button11.grid(row=6, column=3)
    button12.grid(row=7, column=3)
    button13.grid(row=8, column=2)
    button14.grid(row=8, column=3)
    button15.grid(row=9, column=0)
    button16.grid(row=9, column=1)
    button17.grid(row=9, column=2, columnspan=2,  sticky=N+S+E+W)
    button21.grid(row=0, column=0)
    button22.grid(row=0, column=1)
    button23.grid(row=0, column=2)
    l2.grid(row=3, column=0,columnspan=4)
    root.mainloop()

if __name__ == '__main__':
    cal()
```

三、高级版计算器

高级版计算器在基础版功能上增加了乘方、求余、位运算等功能，如图6-28所示：

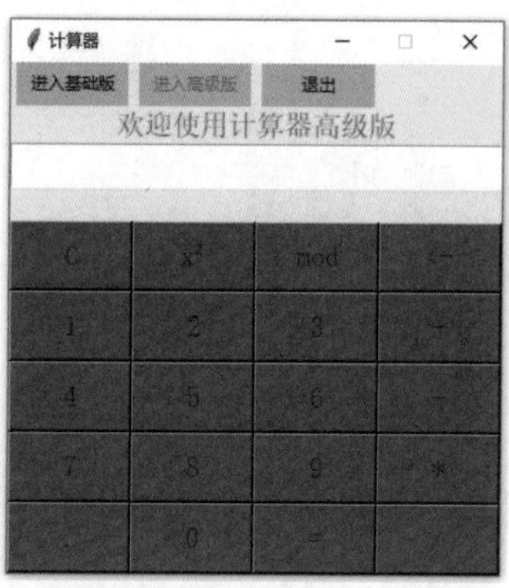

图6-28　高级版计算机界面

程序 6-27　高级版计算器

```
from tkinter import *
from functools import partial
import tkinter.font as tkFont
import os

def tz():
    os.popen('计算器基础.exe')

def get_input(entry, argu):#输入框
    entry.insert(END, argu)

def backspace(entry):#退格
    input_len = len(entry.get())
    entry.delete(input_len - 1)
def clear(entry):#清空
    entry.delete(0, END)

def calc(entry):#计算
    input = entry.get()
    output = str(eval(input.strip()))
    clear(entry)
    entry.insert(END, output)
def cal():
    root = Tk()
    root.title("计算器")
    # root.geometry('250×350')
    root.resizable(0,0)
    root.configure(background='#ffe5ad')

    entry_font = tkFont.Font(size=20)
    entry = Entry(root, justify="right", font=entry_font)#输入框
    button_font = tkFont.Font(size=10, weight=tkFont.BOLD)
```

```
button_bg = '#855e42'#按钮背景色
button_active_bg ='#de7e5d '#按钮按下时的背景色
myButton = partial(Button, root,fg='#4f2f4f ', width=3,
                   font= 'button_font ',bg=button_bg, padx=25, pady=8,
                   activebackground = button_active_bg)#定义按钮
# 元素创建区
l1=Label(text= '欢迎使用计算器高级版 ',font=12,fg='#855e42',background=
'#ffe5ad ')
button0 = myButton(text='0 ', command=lambda: get_input(entry, '0'))#按钮0
button1 = myButton(text='1', command=lambda: get_input(entry, '1'))#按钮1
button2 = myButton(text='2', command=lambda: get_input(entry, '2'))#按钮2
button3 = myButton(text='3', command=lambda: get_input(entry, '3'))#按钮3
button4 = myButton(text='4', command=lambda : get_input(entry, '4'))#按钮4
button5 = myButton(text='5', command=lambda : get_input(entry, '5'))#按钮5
button6 = myButton(text='6', command=lambda : get_input(entry, '6'))#按钮6
button7 = myButton(text='7', command=lambda : get_input(entry, '7'))#按钮7
button8 = myButton(text='8', command=lambda : get_input(entry, '8'))#按钮8
button9 = myButton(text='9', command=lambda : get_input(entry, '9'))#按钮9
button10 = myButton(text='+', command=lambda : get_input(entry,'+'))#按钮+
button11 = myButton(text='-', command=lambda : get_input(entry, '-'))#按钮-
button12 = myButton(text='* ', command=lambda : get_input(entry, '*'))#按钮*
button13 = myButton(text='. ', command=lambda : get_input(entry, '. '))#按钮.
button14 = myButton(text='/ ', command=lambda : get_input(entry, '/'))#按钮/
button15 = myButton(text= '<- ', command=lambda : backspace(entry), active-
background=button_active_bg)#按钮<-
button16 = myButton(text='C',command=lambda: clear(entry), activebackground
=button_active_bg)#按钮C
button17 = myButton(text='=',command=lambda: calc(entry), activebackground=
button_active_bg)#按钮=
button18 = myButton(text='x²', command=lambda: get_input(entry,'**2'))
# button19 = myButton(text='1/x',command=lambda:get_input(entry,'**(-1) '))
button20 = myButton(text='mod', command=lambda: get_input(entry, '%'))
button21 = Button(text='进入基础版',bg='#beae8a',
```

```
                        fg='#000000',relief='flat',width=10,
                        command=lambda: [tz(),root.destroy()],
                        activebackground='#ffffff')
button22 = Button(text='进入高级版',bg='#beae8a',
                        fg='#000000',relief= 'flat',width=10,
                        state='disabled', activebackground='#ffffff')
button23 = Button(text='退出', bg='#beae8a',
                        fg='#000000',relief='flat',width=10,
                        command=root.quit, activebackground='#ffffff')
l2=Label(text="" ,bg='#ffe5ad')
#布局区
l1.grid(row=1,column=0,columnspan=4)
entry.grid(row=2, column=0, columnspan=4, sticky=N + W + S + E)
button0.grid(row=8, column=1, sticky=N + S + E + W)
button1.grid(row=5, column=0)
button2.grid(row=5, column=1)
button3.grid(row=5, column=2)
button4.grid(row=6, column=0)
button5.grid(row=6, column=1)
button6.grid(row=6, column=2)
button7.grid(row=7, column=0)
button8.grid(row=7, column=1)
button9.grid(row=7, column=2)
button10.grid(row=5, column=3)
button11.grid(row=6, column=3)
button12.grid(row=7, column=3)
button13.grid(row=8, column=0)
button14.grid(row=8, column=3)
button15.grid(row=4, column=3)
button16.grid(row=4, column=0)
button17.grid(row=8, column=2,sticky=N+S+E+W)
button18.grid(row=4,column=1)
# button19.grid(row=3, column=2)
```

```
    button20.grid(row=4, column=2)
    button21.grid(row=0, column=0)
    button22.grid(row=0, column=1)
    button23.grid(row=0, column=2)
    l2.grid(row=3,  column=0, columnspan=4)

    root.mainloop()

if __name__ == '__main__':
cal()
```

课后练习

1. 设计如下界面,在文本框中输入数量,点击不同的按钮,显示对应的图案及数量:

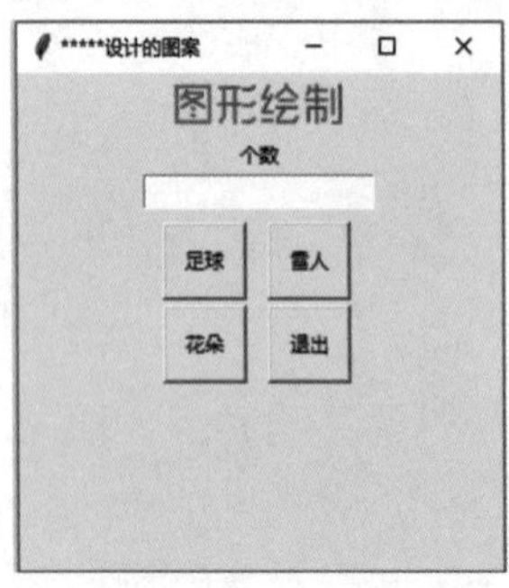

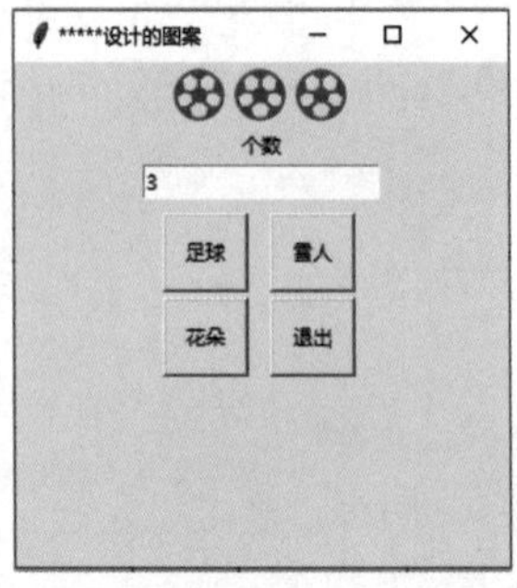

2. 设计一个显示不同图案的GUI窗口,当点击相应按钮时,显示对应的图案。

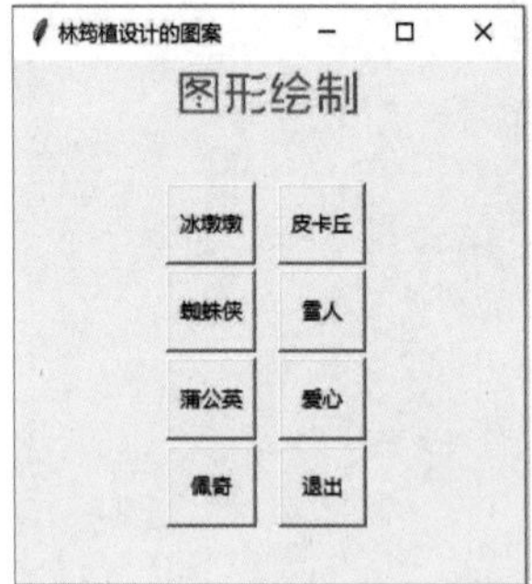

3. 设计一个登录窗口,允许登录后进入身份证信息识别窗体。

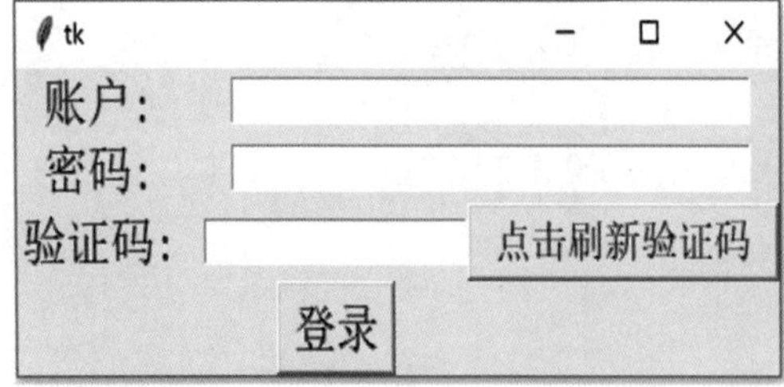

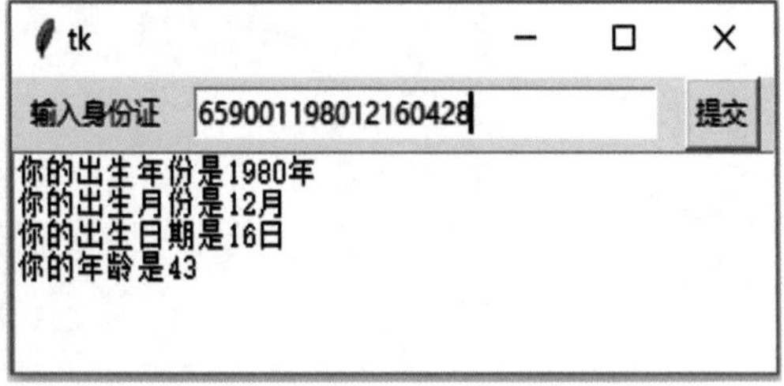

4. 小组合作,模拟青年志愿者系统开发一个简单的信息管理系统。

项目七　强国有我——字符与词云

项目七 强国有我

- 任务一 身份证信息自动识别
  - 任务描述
    - 身份证介绍
    - 身份证号码含义
    - 出生地的省级行政区与身份证号码的对应
  - 知识链接：字符串基本知识
    - 字符串的基本运算
    - 字符串的长度：len(字符串)
    - 字符串的拼接（+）
    - 字符串的重复（*）
    - 字符串的替换
    - 字符串的其他操作
  - 知识链接：字符串的遍历
  - 知识链接：字符串的切片
  - 知识链接：数字字符和作用
    - 数字字符
    - 数字字符的作用
  - 知识链接：日期型函数
    - 日期型函数
    - 日期和时间格式化
  - 知识链接：时间差函数
    - sleep(s)
    - perf_counter()
  - 任务实现
    - 身份证信息自动识别任务分析
    - 身份证信息自动识别任务实现
- 任务二 生成出生地统计词云图
  - 知识链接：词云介绍
  - 安装wordcloud库
    - pip install wordcloud
    - 从工程文件中安装
  - 任务实现
    - 配置对象参数
    - 加载词云文本
    - 输出词云文件
- 任务三 文档中高频词统计词云图
  - 知识链接：jieba库介绍
  - jieba库的安装
  - jieba分词
    - cut语法
    - lcut语法
    - add_word用法
    - del_word用法
  - 任务实现
    - 打开文档
    - jieba.lcut()对文章内容进行分词
    - generate()生成词云
- 任务四 个性化词云图案
  - 设置词云轮廓
    - 准备颜色鲜明、轮廓清晰的底图
    - 设置mask参数生成有轮廓的词云效果图
  - 设置词云颜色
    - 设置词云内容颜色
    - 设置词云背景颜色
  - 制作卡片词云
    - 准备背景图片
    - 生成词云效果图
    - 输出叠加的背景图片与词云图并设置透明度

字符操作_1

任务一　身份证信息自动识别

一、任务描述

我国是人民当家作主的国家，人民是国家的主人，国家权力来源于人民。国家赋予公民广泛的政治权利和自由，同时也规定了公民应履行的政治性义务。公民的权利是法定的、神圣的、不可非法剥夺的；公民的义务也是法定的、庄严的、不容推卸的。

为了证明居住在中华人民共和国境内的公民的身份，保障公民的合法权益，便利公民进行社会活动，维护社会秩序，法律规定年满十六周岁的中国公民，应当按规定申请领取居民身份证；中华人民共和国居民身份证是用于证明居住在中华人民共和国境内的公民身份证明文件。

1999年10月1日，中华人民共和国国务院批准建立了公民身份号码制度，把原本在申领居民身份证时才确立的15位居民身份证号码，替换为出生时编排的终身不变的唯一的18位代码，即公民身份号码。公民身份号码不仅应用在居民身份证上，也运用于其他领域。

18位身份证标准在国家质量技术监督局于1999年7月1日实施的GB11643-1999《公民身份号码》中做了明确的规定。18位身份证号码代表的含义如表7-1所示。

表7-1　身份证号码含义

1	1	0	1	0	2	Y	Y	Y	Y	M	M	D	D	8	8	8	X
地址码						出生日期码								顺序及性别码			校验码

其中身份证号码的前2位代表了省级行政区地址码，省级行政区与身份证号码前两位的对照表如表7-2所示。

表7-2　省级行政区与身份证号码前两位的对照表

省会	前两位	省会	前两位	省会	前两位
北京市	11	安徽省	34	四川省	51
天津市	12	福建省	35	贵州省	52
河北省	13	江西省	36	云南省	53
山西省	14	山东省	37	西藏自治区	54
内蒙古自治区	15	河南省	41	陕西省	61
辽宁省	21	湖北省	42	甘肃省	62
吉林省	22	湖南省	43	青海省	63
黑龙江省	23	广东省	44	宁夏回族自治区	64
上海市	31	广西壮族自治区	45	新疆维吾尔自治区	65

续表

省会	前两位	省会	前两位	省会	前两位
江苏省	32	海南省	46		
浙江省	33	重庆市	50		

本项目将通过Python编程实现根据身份证号码自动识别出生地的省级行政区、出生日期、年龄计算、性别判断等。

二、知识链接:字符串基本知识

字符串是一串按顺序排列的字符,是一个"有序"的字符序列,字符是构成字符串的最小单元。

字符串可以由单引号、双引号、三引号三种方式创建,例如:

```
(1) a = 'Hello Python ',(2) a="Hello Python",(3) a = """Hello Python"""
```

(一)字符串的基本运算

1. 字符串的长度:len(字符串)

用len()测字符串的长度,程序代码为:

程序7-1　用len()测字符串的长度

```
a = "I love Python" # 定义字符串
print("字符串的长度是:",len(a))
```

运行结果如图7-1所示。

```
C:\Users\hzylfh\AppData\Local\Programs'
字符串的长度是: 13

Process finished with exit code 0
```

图7-1　字符长度计算运行结果

2. 字符串的拼接(+)

用+进行字符串连接,程序代码为:

程序7-2　用+进行字符串连接

```
a = "I love Python" # 定义字符串
b="我爱编程"
```

```
newstr=a+b#连接字符串a和b
print("新的字符串是:",newstr)
```

运行结果如图7-2所示。

```
q1 ×
C:\Users\hzylfh\AppData\Local\Programs
新的字符串是: I love Python我爱编程
```

图7-2 字符串连接运行结果

3. 字符串的重复(*)

用*n表示将字符串重复n遍,程序代码为:

程序7-3 *n的使用

```
a = "I love Python" # 定义字符串
b="我爱编程"
newstr=a+b#连接字符串a和b
re_newstr=newstr*3#重复三遍
print("新的字符串是:",re_newstr)
```

运行结果如图7-3所示。

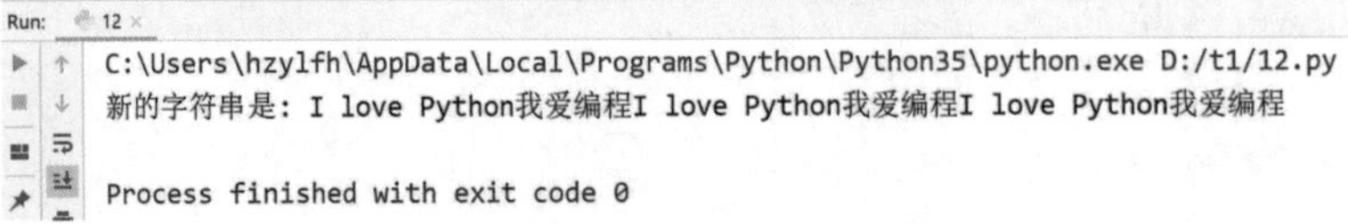

图7-3 字符串重复程序运行结果

4. 字符串的替换

Python replace()方法把字符串中的old(旧字符串) 替换成new(新字符串),如果指定第三个参数max,则替换不超过max次。

replace()方法语法:

```
str.replace(old, new[, max])
```

replace()方法共有三个参数:

old — 将被替换的子字符串。

new — 新字符串,用于替换old子字符串。

max — 可选字符串，替换不超过max次

返回字符串中的old(旧字符串)替换成new(新字符串)后生成的新字符串，如果指定第三个参数max，则替换不超过max次。

以下实例展示了replace()函数的使用方法，如图7-4所示的高铁票中，将身份证号码中的出生日期部分用*替换，以保护个人信息。

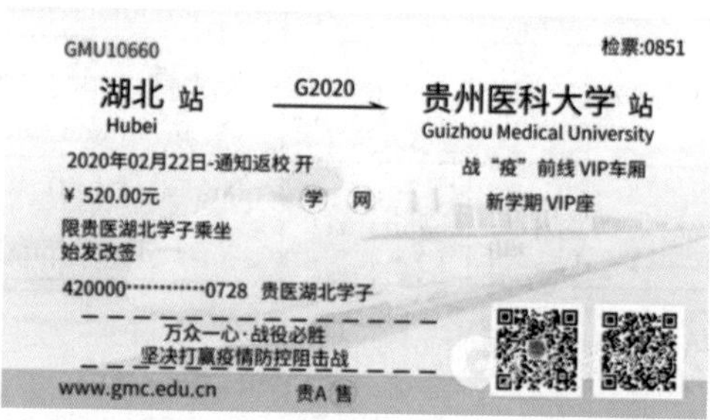

图7-4 高铁票样例

程序7-34 replace()的使用方法

```
id="420000197812160728"
id=id.replace('19781216',"*"*8)#截取身份证中的出生信息
print(id)
```

运行结果如图7-5所示。

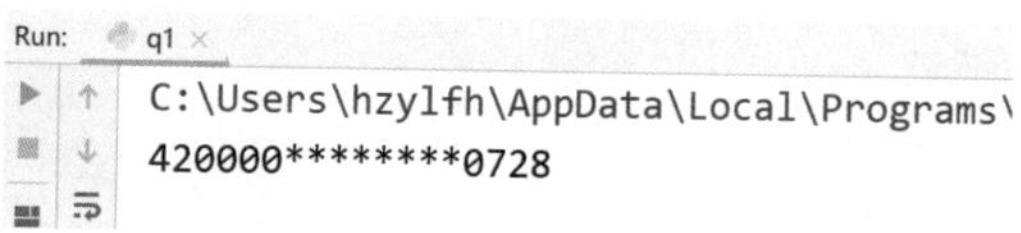

图7-5 字符替换程序运行结果

5. 字符串的其他操作

upper()函数是Python内建的字符串处理函数之一，Python upper()函数的作用是把一个字符串中所有的字符都转换为其大写形式，并返回一个新字符串；

lower()函数是Python内建的字符串处理函数之一，Python lower()函数的作用是把一个字符串中所有的字符都转换为其小写形式，并返回一个新字符串；

title()函数是Python内建的字符串处理函数之一，Python title()函数的作用是把一个字符串中每个单词的首字母大写,其他小写，并返回一个新字符串；

capitalize()函数是Python内建的字符串处理函数之一，Python capitalize()函数的作用是把一个字符串中第一个单词的首字母大写，其他小写，并返回一个新字符串；

如表7-3为常用函数的介绍。

表7-3 常用函数介绍

功能描述	关键词	举例	运行结果
小写字母全部转换成为大写字母	upper()	data ='hello world' print(data.upper())	HELLO WORLD
大写字母全部转换成为小写字母	lower()	data ='HeLLo world' print(data.lower())	hello world
每个单词的首字母大写,其他小写	title()	data ='heLLo woRld' print(data.title())	Hello World
第一个单词的首字母大写,其他均小写	capitalize()	data ='hELLO WoRld' print(data.capitalize())	Hello world

程序7-5 常用函数的使用

```
data ='hello world'
print(data.upper())#全部单词的字母转为大写
data ='HeLLo world'
print(data.lower())#全部单词的字母转为小写
data ='heLLo woRld'
print(data.title())#每个单词的首字母大写,其他小写
data ='hELLO WoRld,hELLO python'
print(data.capitalize())#第一个单词的首字母大写,其他均小写
```

运行结果如图7-6所示。

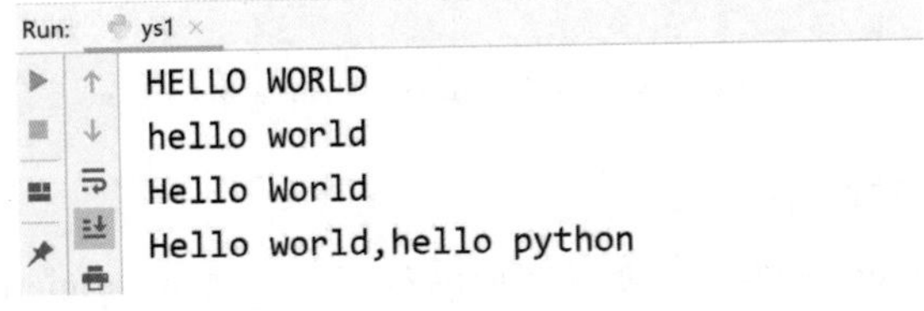

图7-6 字符函数应用运行结果

此外,还有判断字符类型的函数,具体描述如表7-4所示。

表7-4 判断字符类型的函数

关键词	功能描述
isalpha()	如果字符串中所有字符都是字母,则返回True,否则返回False
isdigit()	如果字符串中只包含数字则返回 True 否则返回 False
isspace()	如果字符串中只包含空格,则返回 True,否则返回 False。
isalnum()	如果字符串中所有字符都是字母或数字则返回 True,否则返回 False

三、知识链接：字符串的遍历

如果要统计字符串中字母、数字、空格的个数，程序的思路是先遍历字符串中的每个字符，然后分别判断是什么类型，因此，要用到遍历字符串。

字符串中可以为每个字符设置一个下标索引，下标索引的顺序如下：

从左到右-> 下标索引的顺序(0,1,2,3,...)

从右到左-> 下标索引的顺序(-1,-2,-3,-4,...)

程序 7-6　字符串的遍历

```
a = "love" # 定义字符串
b="编程"
newstr=a+b#连接字符串a 和b
#re_newstr=newstr*3#重复三遍
print("新的字符串是:",newstr)
for i in range(0,len(newstr)):
    print(newstr[i])
```

运行结果如图 7-7 所示。

```
q1 ×
新的字符串是: love编程
l
o
v
e
编
程
```

图 7-7　字符串遍历运行结果

程序 7-7　字符统计

```
a = "I love Python 2022 我学Python" # 定义字符串
lena=len(a)
print("字符串长度是:",lena)
# 分别统计每种类型的数量
c1=0
```

```
c2=0
c3=0
c4=0
for i in range(0,lena):#取到字符串a中的每一个字符,分别判断

    if a[i].isalpha():
    # isalpha如果字符串中所有字符都是字母 则返回 True,否则返回False
        c1=c1+1
    if a[i].isdigit():
    # isdigit如果字符串中只包含数字则返回 True 否则返回 False
        c2=c2+1
    if a[i].isspace():
    # isspace如果字符串中只包含空格,则返回 True,否则返回 False.
        c3 =c3+1
    if a[i].isalnum():
    # isalnum如果字符串中所有字符都是字母或数字则返回 True,否则返回 False
        c4=c4+1
print("a字符串中字符个数有:",c1)
print("a字符串中数字个数有:",c2)
print("a字符串中空格个数有:",c3)
print("a字符串中字符和数字个数有:",c4)
```

运行结果如图7-8所示。

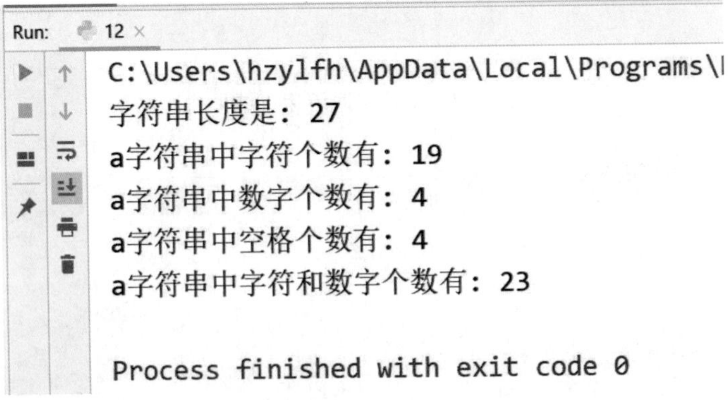

图7-8　字符统计运行结果

四、知识链接:字符串的切片

字符串的切片与列表相似,方法为:**字符串名:[起始:结束:步长]**

选取的区间从"起始"位开始,到"结束"位的前一位结束(不包含结束位本身),步长表示选取间隔,默认步长是为1。

字符串快速逆置→[::-1]→表示从后向前,按步长为1进行取值

字符串是不会变的,不会改变其本身,切片处理的时候可以认为在操控的是一个副本。

以对身份证号码中的出生年月日进行切片为例,身份证号码含义对照如图7-9所示。

地址码						出生日期码								顺序及性别码	校验码		
省级行政区地址码																	
1	1	0	1	0	2	Y	Y	Y	Y	M	M	D	D	8	8	8	X
0	1	2	3	4	5	6	7	8	9	10	11	12	13	14	15	16	17

图7-9　身份证号码含义示意对照

程序7-8　通过身份证号码判断出生日期

```
str = input("请输入你的18位身份证号码:")
while(len(str)!=18):
    str = input("请输入你的18位身份证号码:")
print("你的出生年份是"+str[6:10]+"年")
#取出身份证号码中的年份,str[6:10]表示取字符串str中的第7-11位
print("你的出生月份是"+str[10:12]+"月")
print("你的出生日期是"+str[12:14]+"日")
```

运行结果如图7-10所示。

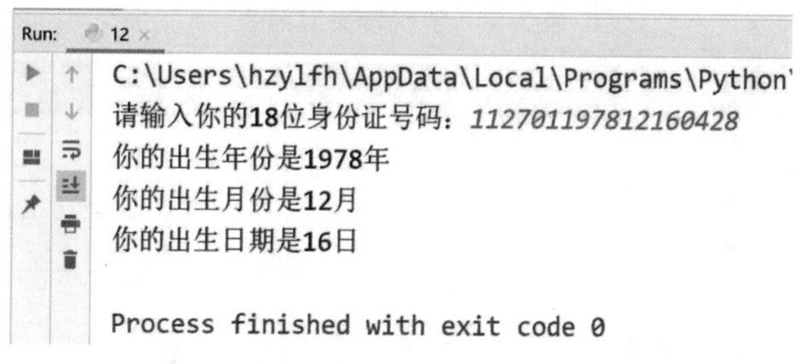

图7-10　显示出生日期

五、知识链接:数字字符和作用

数字字符和作用见表7-5、7-6、7-7。

表7-5　数字符号与作用对照表

符号	作用
*	定义宽度或者小数点后数据的精度
-	用作左对齐
+	在正数前面显示加号(+)
(空格键)	在正数前面显示空格
#	在八进制前面显示零('0'),在十六进制前面显示'0x'或者'0X' (取决于用的是'x'还是'X')
0	显示的数字前面填充'0'而不是默认的空格
%	'%%'输出一个单一的'%'
(var)	映射变量(字典参数)
m.n	m是显示的最小总宽度,n是小数点后的位数(如果可用的话)

表7-6　数字字符转换方式对照表

格式化字符	转换方式
%c	转换为字符(ASCII码值,或者长度为一的字符串)
%r	优先用repr()函数进行字符串转换
%s	优先用str()函数进行字符串转换
%d/%i	转换为有符号十进制数
%u	转换为无符号十进制数
%o	转换为无符号八进制数
%x/%X	(Unsigned)转换为无符号十六进制数(x/X代表转换后的十六进制字符的大小写)
%e/%E	转换为科学记数法(e/E控制输出e/E)
%f/%F	转换为浮点数(小数部分自然截断)
%g/%G	转换为浮点数,根据值的大小采用%e或%f格式
%%	输出%

表7-7　字符转义对照表

转义字符	描述
\(在行尾时)	续行符
\\	反斜杠符号
\'	单引号
\"	双引号
\a	警告号
\b	退格

续表

转义字符	描述
\e	转义
\000	空
\n	换行
\v	纵向制表符
\t	横向制表符/水平制表表
\r	回车
\f	换页
\oyy	八进制yy代表的符号，例如\o12代表换行
\xyy	十进制yy代表的符号，例如\x0a代表换行
\other	其他字符以普通格式输出

编写程序，用户输入一段英文，然后输出这段英文中所有长度为3个字母的单词。

程序7-9　输出输入英文长度为3个字母的单词

```
import re
words=input("Input the words:")
l=re.split('[\. ]+',words)
print(l)

i=0
for i in l:
    if len(i) == 3:
        print(i)
    else:
        print(' ')
```

运行结果如图7-11所示。

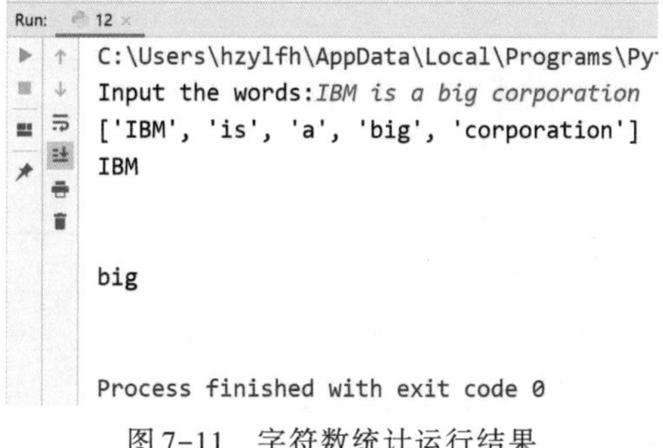

图7-11　字符数统计运行结果

六、知识链接：日期型函数

日期型函数

常用的日期型函数有time()、ctime()、strftime(tpl,ts)等，具体功能如表7-8所示。

表7-8 常用时间函数

函数	描述	示例
time()	获取当前时间，即计算机内部的时间值，为一个浮点数	import time print(time.time()) 1667624834.8679004
ctime()	获取当前时间并以易读方式表示，返回一个字符串	import time print(time.ctime()) Sat Nov 5 13:06:20 2022
strftime(tpl,ts)	tpl是格式化模板字符串，用来定义输出效果 ts是计算机内部时间类型变量	import datetime t1=datetime.datetime.now() print(t1.strftime('%Y-%m-%d %H:%M:%S')) 2022-11-05 13:18:35

为满足不同的日期和时间类型的显示需求，可以采用格式化的方式进行自定义显示，格式化字符及其含义如表7-9所示。

表7-9 格式化字符及其含义

格式化字符	转换方式
%a	星期几的简写
%A	星期几的全称
%b	月份的简写
%B	月份的全称
%c	标准的日期的时间串
%C	年份的后两位数字
%d	十进制表示的每月的第几天
%D	月/天/年
%e	在两字符域中，十进制表示的每月的第几天
%F	年-月-日
%g	年份的后两位数字，使用基于周的年
%G	年份，使用基于周的年
%I	12小时制的小时
%H	24小时制的小时
%M	十进制表示的分钟数

续表

格式化字符	转换方式
%j	十进制表示的每年的第几天
%m	十进制表示的月份
%n	新行符
%p	本地的AM或PM的等价显示
%r	12小时的时间
%R	显示小时和分钟，即hh:mm
%S	十进制的秒数
%t	水平制表符
%T	显示时、分、秒，即hh:mm:ss
%u	每周的第几天，星期一为第一天(值从0到6，星期一为0)
%U	每年的第几周，把星期日作为第一天(值从0到53)
%V	每年的第几周，使用基于周的年
%w	十进制表示的星期几(值从0到6，星期天为0)
%W	每年的第几周，把星期一作为第一天(值从0到53)
%x	标准的日期串
%X	标准的时间串
%y	不带世纪的十进制年份(值从0到99)
%Y	带世纪部分的十进制年份
%z	%Z时区名称，如果不能得到时区名称则返回空字符
%%	百分号

以编程实现显示日期、时间、周数等为例，学习时间格式化参数的用法。

程序7-10 时间格式化

```
import datetime
#导入库函数
now_time = datetime.datetime.now()
t1=datetime.datetime.now()
print("显示：日期  时间  周数：",t1.strftime( '%D   %T  %U '))#
print("当前时间是：",now_time)#直接显示系统时间
#print("开始答题时间：",end="")
print("格式化后的时间：",t1.strftime(' %Y-%m-%d    %H:%M:%S' ))
#格式化显示后的时间更清晰
print("仅显示时间：",t1.strftime('%X'))#%X标准的时间串
```

运行结果如图7-12所示。

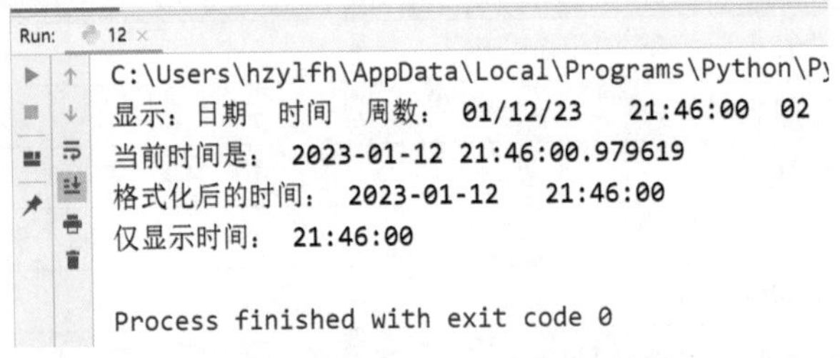

图7-12 格式化时间参数运行结果

程序7-11 编程计算两个日期之间相差的天数

```
import time
import datetime
a = input('请输入日期,格式为yyyy-mm-dd: ')#输入的为字符型
t = time.strptime(a, "%Y-%m-%d")#将输入的字符型转为日期
y, m, d = t[0:3]#取出年、月、日
#print(datetime.datetime(y, m, d))#比较两种输出格式的不同
print("今天是:",(datetime.datetime(y, m, d)).strftime('%Y-%m-%d'))
d1 = datetime.datetime(y, m, d)
d2 = datetime.datetime(2022, 12, 31)
print ("本年度还剩%d"%(d2 - d1).days+"天")
```

运行结果如图7-13所示。

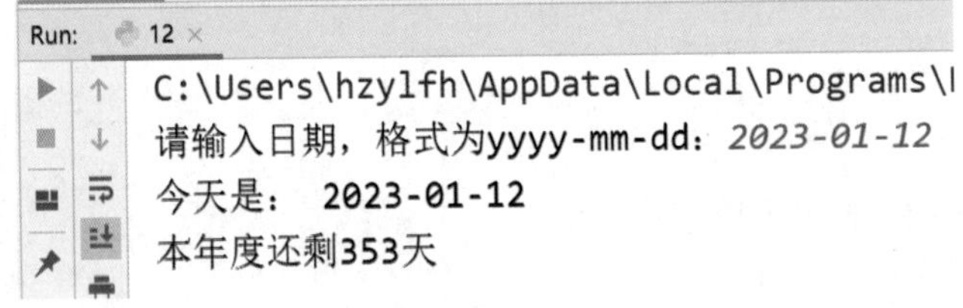

图7-13 计算天数之差程序运行结果

七、知识链接:时间差函数

(一)sleep(s)

休眠函数,s为休眠的时间,单位为秒,也可以是浮点数。

（二）perf_counter()

返回一个CPU级别的精确时间计数值，单位为秒，由于这个计数值起点不确定，连续调用差值才有意义。

以画三角形的图案为例，tt1为开始画图时间，tt2为结束画图时间，计算时间差，代码如下：

程序7-12　显示图案运行时间

```
import time #导入库函数
tt1=time.perf_counter()#返回一个CPU级的精确时间计算值
#画图
for i in range(1,7):
    for j in range(1,17-i):
        print(" ",end=" ") #控制空格的输出
    for j in range(1,((2*i-1))+1):
        time.sleep(0.2)
        print("\033[36:1m*\033[0m",end=" ") #控制*的输出
    print(" ")
#计算
tt2=time.perf_counter()#返回一个CPU级的精确时间计算值
print("画图时间：%2.2f"%(tt2-tt1))#计算时间差
```

运行结果如图7-14所示。

```
                    *
                  * * *
                * * * * *
              * * * * * * *
            * * * * * * * * *
          * * * * * * * * * * *
画图时间：7.49
```

图7-14　显示图案运行时间

程序7-13　显示进度条运行时间

```
import time
scale=50
```

```
print("执行开始".center(scale//2,"-"))
start=time.perf_counter()
for i in range(scale+1):
    a= '█'*i
    b= ' '*(scale-i)
    c=(i/scale)*100
    dur=time.perf_counter()-start
    print("\r{:^3.0f}%[{}{}]{:.2f}s".format(c,a,b,dur),end= ' ')
    time.sleep(0.1)
print("\n"+"执行结束".center(scale//2, '- '))
```

运行结果如图7-15所示。

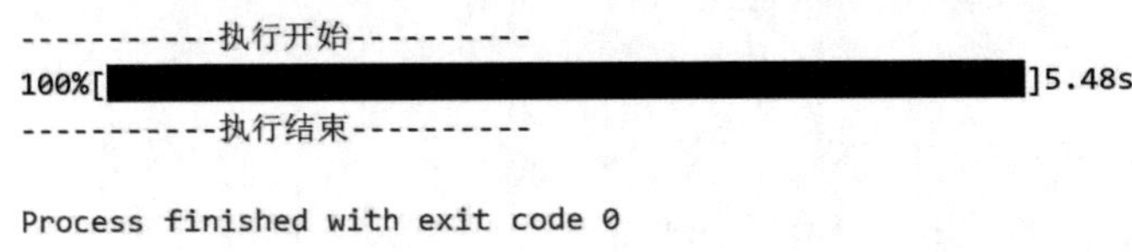

图7-15　进度条程序运行结果

八、任务实现

本项目任务为通过身份证信息自动识别出出生地的省份、年龄、性别等,并将省份信息写入文件text中。

可以分为以下几个步骤:

(1)通过截取身份证中的前两位,与省级行政区对应,得到出生地的省份信息;

(2)可以通过获取当前的日期,取到年份信息,然后减去身份证中的年份信息,得到年龄;

(3)截取身份证中的第17位,判断性别。

为了更好地进行判断,对身份证号码位数、年份是否大于当前年份、月份是否在1至12月之间、日期是否合理、若为闰年则二月的最大天数为29天,若为平年则二月的最大天数为28天等信息进行了完整性约束。如图7-16所示。

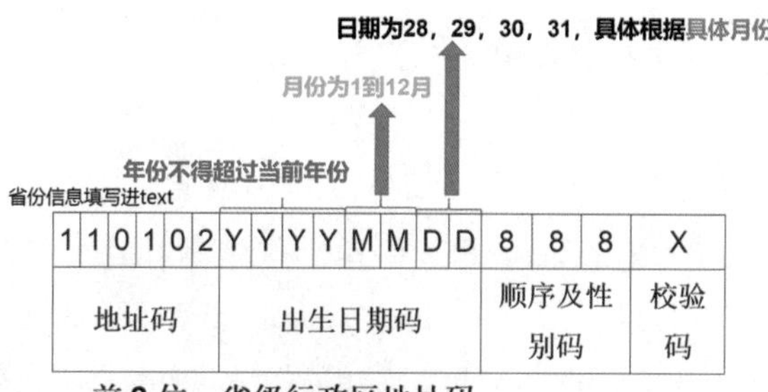

图7-16　身份证信息识别示意图

程序7-14　身份证信息识别

```
def up(a):
    # 首先,我把这个代码先转为自定义函数
    import datetime
    import sys
    sfz = input("请输入你的18位身份证号码:")
    s = sfz[0:2]
    lst1 = [31, 28, 31, 30, 31, 30, 31, 31, 30, 31, 30, 31]
    while len(sfz) != 18:
        print("请输入18位身份证号码:")
        sfz = input("请输入你的18位身份证号码:")
    jy1 = int(sfz[6:10])
    if jy1 % 4 == 0 or jy1 % 400 == 0 or jy1 % 100 != 0:
        lst1.pop(1)
        lst1.insert(1, 29)
    jy2 = int(sfz[10:12])
    jy3 = int(sfz[12:14])
    today = datetime.datetime.now().strftime('%Y')
    if jy1 > int(today):
        print("身份证出生年份输入错误")
        sys.exit(0)
    if jy2 <= 0 or jy2 > 12:
        print("身份证出生月份输入错误")
        sys.exit(0)
    if jy3 <= 0 or jy3 > lst1[jy2 - 1]:
```

```
        print("身份证出生日期输入错误")
        sys.exit(0)
    lst2 = ["北京市", "天津市", "河北省", "山西省", "内蒙古自治区", "辽宁省", "吉林省", "黑龙江省", "上海市", "江苏省", "浙江省", "安徽省", "福建省", "江西省", "山东省", "河南省", "湖北省", "湖南省", "广东省", "广西壮族自治区", "海南省", "重庆市", "四川省", "贵州省", "云南省", "西藏自治区", "陕西省", "甘肃省", "青海省", "宁夏回族自治区", "新疆维吾尔自治区", "台湾省", "香港特别行政区", "澳门特别行政区"]
    lst3 = [11, 12, 13, 14, 15, 21, 22, 23, 31, 32, 33, 34, 35, 36, 37, 41, 42, 43, 44, 45, 46, 50, 51, 52, 53, 54, 61, 62, 63, 64, 65, 71, 81, 82]
    for i in range(1, 34):
        if s == str(lst3[i - 1]):
            print("您出生所在省份是:" + lst2[i - 1])
            fp = open('test.txt', 'a', encoding='utf-8')
            # 然后,将'w'改为'a',让它往下输入
            with open('test.txt', 'a', encoding='utf-8') as wfile:
                wfile.write(lst2[i - 1] + '\n')
    borth = eval((sfz[6:10]))
    print("今天是:", datetime.datetime.now().strftime('%Y-%m-%d'))
    age = eval(today) - borth
    print("你的年龄是%d岁" %age)
    jy4 = eval(sfz[16])
    if jy4 % 2 == 0:
        print("性别:女")
    else:
        print("性别:男")
#最后,下面是一个循环
up(1)
answer = input('是否继续查询? y/n\n')
while answer == 'y'or answer == 'Y':
    up(1)
    answer = input( '是否继续查询? y/n\n')
print ('查询结束')
```

对程序进行单元测试见表7-10。

表7-10　单元测试记录表

<table>
<tr><th colspan="6">单 元 测 试 记 录</th></tr>
<tr><td>测试人员</td><td>***</td><td>测试时间</td><td>2022.11.8</td><td>功能模块名称</td><td>身份证信息的识别</td></tr>
<tr><td>功能描述</td><td colspan="2">身份证信息的识别测试</td><td>测试目的</td><td colspan="2">条件覆盖是否完整</td></tr>
<tr><td>用例步骤</td><td>测试编号</td><td>输入数据</td><td>预期结果</td><td>测试结果</td><td>说明</td></tr>
<tr><td rowspan="4">Step1</td><td>1</td><td>331081200011080249 03</td><td>请输入18位身份证</td><td>请输入你的18位身份证号码：331081200011080249 03
请输入18位身份证号码：
请输入你的18位身份证号码：</td><td>无</td></tr>
<tr><td>2</td><td>331081203011084903</td><td>身份证出生年份输入错误</td><td>请输入你的18位身份证号码：331081203011084903
身份证出生年份输入错误</td><td>无</td></tr>
<tr><td>3</td><td>331081200014084903</td><td>身份证出生月份输入错误</td><td>请输入你的18位身份证号码：331081200014084903
身份证出生月份输入错误</td><td>无</td></tr>
<tr><td>4</td><td>331081200011314903</td><td>身份证出生日期输入错误</td><td>请输入你的18位身份证号码：331081200011314903
身份证出生日期输入错误</td><td>无</td></tr>
<tr><td rowspan="5">Step2</td><td>5</td><td>331081200002284903</td><td>您出生的省份是：浙江省
今天是：
2022-11-08
你的年龄是22岁
性别：女</td><td>请输入你的18位身份证号码：331081200002284903
您出生所在省份是：浙江省
今天是：2022-11-08
你的年龄是22岁
性别：女
是否继续查询？y/n</td><td>无</td></tr>
<tr><td>6</td><td>331081200002294903</td><td>您出生的省份是：浙江省
今天是：
2022-11-08
你的年龄是22岁
性别：女</td><td>请输入你的18位身份证号码：331081200002294903
您出生所在省份是：浙江省
今天是：2022-11-08
你的年龄是22岁
性别：女
是否继续查询？y/n</td><td>无</td></tr>
<tr><td>7</td><td>331081200011084903</td><td>您出生的省份是：浙江省
今天是：
2022-11-08
你的年龄是22岁
性别：女</td><td>请输入你的18位身份证号码：331081200011084903
您出生所在省份是：浙江省
今天是：2022-11-08
你的年龄是22岁
性别：女
是否继续查询？y/n</td><td>无</td></tr>
<tr><td>8</td><td>331081200011084933</td><td>您出生的省份是：浙江省
今天是：
2022-11-08
你的年龄是22岁
性别：男</td><td>请输入你的18位身份证号码：331081200011084933
您出生所在省份是：浙江省
今天是：2022-11-08
你的年龄是22岁
性别：男
是否继续查询？y/n</td><td>无</td></tr>
<tr><td>9</td><td>331081200011084933
y</td><td>请输入你的18位身份证号码：</td><td>请输入你的18位身份证号码：331081200011084933
您出生所在省份是：浙江省
今天是：2022-11-08
你的年龄是22岁
性别：男
是否继续查询？y/n
y
请输入你的18位身份证号码：</td><td>无</td></tr>
</table>

续表

单元测试记录				
10	331081200011084933 n	查询结束	请输入你的18位身份证号码：331081200011084933 您出生所在省份是：浙江省 今天是：2022-11-08 你的年龄是22岁 性别：男 是否继续查询？y/n n 查询结束	无

任务二　生成出生地统计词云图

词云介绍

一、知识链接：词云介绍

“词云”最先由美国西北大学新闻学副教授、新媒体专业主任里奇·戈登(Rich Gordon)于2006年使用。“词云”就是通过形成“关键词云层”或“关键词渲染”，对网络文本中出现频率较高的“关键词”进行突出。词云是一个简单但功能强大的可视化表示对象，用于文本处理，它以更大、更粗的字母和不同的颜色显示最常用的词，单词的大小越小，重要性就越小。

词云可以用于：

(1)社交媒体上的热门标签(Instagram，Twitter)：全世界的社交媒体都在寻找最新的趋势，因此，我们可以获取人们在其帖子中使用最多的标签来探索最新的趋势。

(2)媒体中的热门话题：分析新闻报道，我们可以在头条新闻中找到关键字，并提取出前n个需求较高的主题，来获得所需的结果，即前n个热门媒体主题。

(3)电子商务中的搜索词：在电子商务购物网站中，网站所有者可以制作被搜索次数最多的购物商品的词云，这样，他就可以了解在特定时期内哪些商品需求量最大。

二、安装wordcloud库

使用Python来生成词云效果，首先要安装wordcloud库，安装过程如下：

首先，点击file，进入到settings，选择当前的项目名，如project3，选择列表中的project interpretor，点击加号“+”，进入后，在搜索栏内搜索“wordcloud”。

选择“wordcloud”，然后点击install package，耐心尝试即可，如果出现了绿色的提示条，并在列表中出现了wordcloud，即说明安装成功。

三、任务实现

安装完WordCloud后，通过调用WordCloud就可以生成词云，WordCloud对象常用参数见表7-11所示；WordCloud常用方法见表7-12所示。

表7-11　WordCloud对象常用参数

参数	说明
font_path	设置字体，指定字体文件的路径
width	生成图片宽度，默认400像素
height	生成图片高度，默认200像素
mask	词云形状，默认使用矩形
min_font_size	词云中最小的字体字号，默认4号
font_step	字号步进间隔，默认1
max_font_size	词云中最大的字体字号，默认根据高度自动调节
max_words	词云显示的最大词数，默认200
stopwords	设置停用词(需要屏蔽的词)，停用词不在词云中显示，默认使用内置的STOPWORDS
background_color	图片背景颜色，默认黑色

表7-12　WordCloud常用方法

方法	功能
generate(text)	加载词云文本
to_file(filename)	输出词云文本

程序7-15　统计身份证中的多个信息，然后将出生地的省份信息生成词云

```
from wordcloud import WordCloud
import matplotlib.pyplot as plt
wc = WordCloud(background_color='white',  # 背景颜色
max_words=1000,       # 最大词
max_font_size=100, # 显示字体的最大值
font_path="data/simhei.ttf",  # 解决显示口字型乱码问题，可进入C:\Windows\Fonts\目录更换字体
random_state=42,  # 为每个词返回一个PIL颜色
)
text = open('cnword3.txt', encoding='utf-8').read().split('\n')#打开文件，以换行符分割词组
```

```
text='  '.join(text)
wc.generate(text)
plt.imshow(wc)
plt.axis("off")
plt.figure()
plt.axis("off")
wc.to_file('20.png')#结果输出到该图片
```

运行结果如图7-17所示。

图7-18　出生地词云图

任务三　文档中高频词统计词云图

jieba+词云

一、知识链接:jieba库介绍

任务二中完成了通过身份证信息识别出生的省份并存储到记事本文件中,省份信息按行存储,如图7-18所示。

*cnword3.txt - 记事本
文件(F) 编辑(E) 格式(O) 查看(V) 帮助(H)
北京市
天津市
河北省
山西省
内蒙古自治区
辽宁省
吉林省
黑龙江省
上海市
江苏省
浙江省
江苏省
浙江省
江苏省
浙江省

图7-18　省份信息

所以在处理分词时，使用了split('\n')，按照换行符进行分词。如果要将一篇中文文章中的高频词生成词云图，首先要将句子按照语义进行分词，然后才能生成词云图。

为了能够根据语义进行分词，就要使用jieba库，jieba库是优秀的中文分词第三方库，它可以利用一个中文词库，确定汉字之间的关联概率，将汉字间概率大的组成词组，形成分词结果。

二、jieba库的安装

Jiaba库为第三方库，使用前要进行安装，在项目一中介绍了第三方库的通用安装方法，这里再介绍一种从工程文件进行安装的方法，首先，点击file，进入到settings，选择当前的项目名，如project3，选择列表中中的project interpretor，点击加号"+"，进入后，在搜索栏内搜索"jieba"，如图7-19所示。

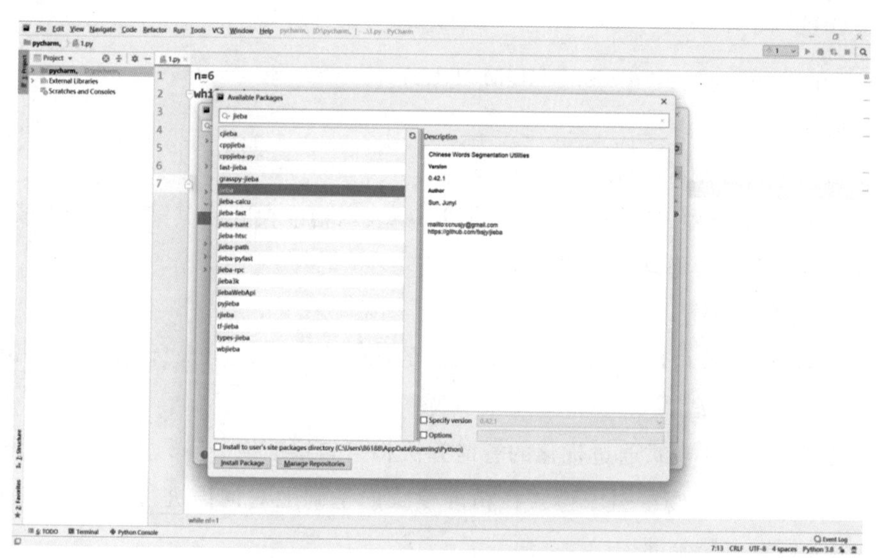

图7-19　从工程中安装第三方库

选择"jieba"，然后点击install package，耐心尝试即可，如果出现了绿色的提示条，并在列表中出现了wordcloud，即说明安装成功。

后续内容中会用到多个库，针对Python 3.8.5版本及其以上版本，建议安装库文件及版本如表7-13所示。

表7-13　常用第三方库及版本

序号	搜索内容	版本号 针对Python 3.8.5版本及其以下版本
1	jieba	版本要求不严格
2	Numpy	版本要求不严格

续表

3	wordcloud	1.8.0及其以上版本(否则容易出错) wordcloud-1.8.0-cp35-cp35m-win_amd64.... 2021/11/19 19:18
4	matplotlib	3.03及其以上版本 matplotlib-3.0.3-py3.5-nspkg.pth 2021/12/7 20:30
5	imageio	2.9及其以上版本(否则容易出错) imageio-2.9.0-py3-none-any.whl 2021/11/19 19:14

三、jieba分词

对中文文章进行分词时,可以使用jieba.cut()实现。jieba.cut()的功能是将包含汉字的整个句子分割成单独的单词。

(一)cut语法

cut(sentence, cut_all=False, HMM=True)

参数解析:

sentence:要分割的str(unicode)。

cut_all:模型类型。True表示全模式,False表示精准模式。其默认为精准模式。

HMM:是否使用隐马尔可夫模型。

jieba分词的三种模式:

①全模式:全模式可以将句子中所有可能的词语全部提取出来,该模式提取速度快,但可能会出现冗余词汇。

②精准模式:精准模式通过优化的智能算法将语句精准地分隔,适用于文本分析。

③搜索引擎模式:搜索引擎模式在精准模式的基础上对词语进行再次划分,提高召回率,适用于搜索引擎分词。

程序7-16 jieba.cut分词举例

```
import jieba
seg_list = jieba.cut("我出生在浙江,到浙江大学就读本科", cut_all=True)
print("Full Mode: " + "/ ".join(seg_list))    # 全模式
seg_list = jieba.cut("我出生在浙江,到浙江大学就读本科", cut_all=False)
print("Default Mode: " + "/ ".join(seg_list))  # 精确模式
seg_list = jieba.cut_for_search("我出生在浙江,到浙江大学就读本科")  # 搜索引擎模式
print("Search Mode:","/ ".join(seg_list))
```

运行结果如图7-21所示。

```
C:\Users\hzylfh\AppData\Local\Programs\Python\Python35\python.exe D:/t1/12.py
Building prefix dict from the default dictionary ...
Loading model from cache C:\Users\hzylfh\AppData\Local\Temp\jieba.cache
Loading model cost 1.103 seconds.
Prefix dict has been built succesfully.
Full Mode: 我/ 出生/ 生在/ 浙江/ / / 到/ 浙江/ 浙江大学/ 大学/ 就读/ 读本/ 本科
Default Mode: 我/ 出生/ 在/ 浙江/ ，/ 到/ 浙江大学/ 就读/ 本科
Search Mode: 我/ 出生/ 在/ 浙江/ ，/ 到/ 浙江/ 大学/ 浙江大学/ 就读/ 本科

Process finished with exit code 0
```

图7-21　jieba.cut分词运行截图

（二）lcut语法

```
lcut(sentence,cut_all=False)
    def lcut(self, *args, **kwargs):
        return list(self.cut(*args, **kwargs))
```

查看jieba模块，其定义lcut()函数如上，可以发现lcut()函数最终返回的是list(cut())，以列表形式保存。

程序7-17　jieba.lcut分词举例

```
import jieba
sentence ='Python是大学生最喜爱的编程语言'
ls = jieba.lcut(sentence, cut_all=True)
print("全模式：",ls)
ls1 = jieba.lcut(sentence)
print("精确模式：",ls1)
```

运行结果如图7-21所示。

```
C:\Users\hzylfh\AppData\Local\Programs\Python\Python35\python.exe D:/t1/12.py
Building prefix dict from the default dictionary ...
Loading model from cache C:\Users\hzylfh\AppData\Local\Temp\jieba.cache
Loading model cost 0.639 seconds.
Prefix dict has been built succesfully.
全模式： ['Python', '是', '大学', '大学生', '学生', '最', '喜爱', '的', '编程', '编程语言', '语言']
精确模式： ['Python', '是', '大学生', '最', '喜爱', '的', '编程语言']

Process finished with exit code 0
```

图7-21　jieba.lcut分词运行截图

(三)add_word用法

add_word(self, word, freq=None, tag=None)

Add a word to dictionary.

freq and tag can be omitted, freq defaults to be a calculated value that ensures the word can be cut out.

函数功能:在字典中添加一个单词。

参数解析:freq和tag可以省略,freq默认是一个计算值,保证单词可以被切掉。

程序7-18 jieba.add_word举例

```
import jieba
sentence = 'Python是大学生最喜爱的编程语言'
ls = jieba.cut(sentence)
print("增加前的分词结果:","/ ".join(ls))
ls1 = jieba.add_word('最喜爱')
ls2 = jieba.cut(sentence)
print("增加后的分词结果:","/ ".join(ls2))
```

运行结果如图7-22所示。

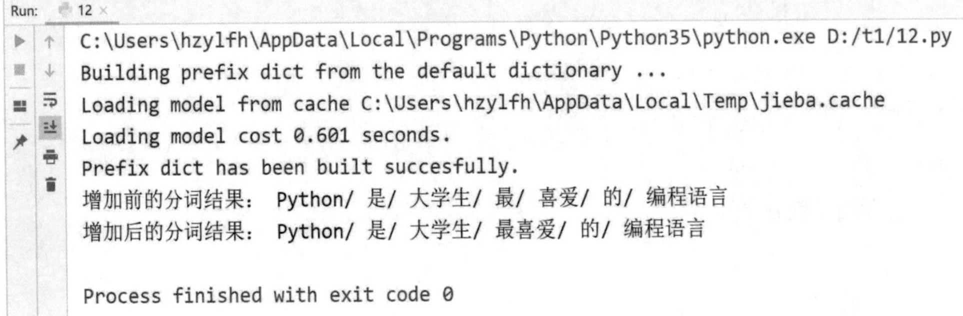

```
C:\Users\hzylfh\AppData\Local\Programs\Python\Python35\python.exe D:/t1/12.py
Building prefix dict from the default dictionary ...
Loading model from cache C:\Users\hzylfh\AppData\Local\Temp\jieba.cache
Loading model cost 0.601 seconds.
Prefix dict has been built succesfully.
增加前的分词结果:  Python/ 是/ 大学生/ 最/ 喜爱/ 的/ 编程语言
增加后的分词结果:  Python/ 是/ 大学生/ 最喜爱/ 的/ 编程语言

Process finished with exit code 0
```

图7-22 jieba.add_word举例

可以看出,将“最”和“喜爱”分词改为了“最喜爱”。

(四)del_word用法

del_word(word)

函数功能:分词词典中删除词word

程序 7-19　jieba.del_word 举例

```
import jieba
sentence = 'Python是大学生最喜爱的编程语言'
ls = jieba.cut(sentence)
print("删除前的分词结果:","/ ".join(ls))
ls1 = jieba.del_word('大学生')
ls2 = jieba.cut(sentence)
print("删除后的分词结果:","/ ".join(ls2))
```

运行结果如图 7-23 所示。

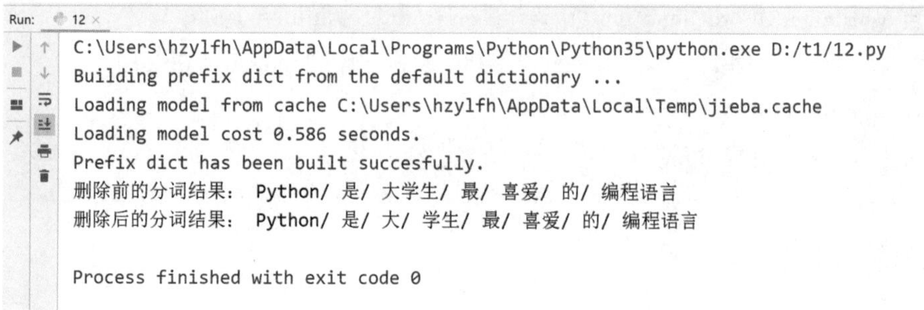

```
Run: 12
C:\Users\hzylfh\AppData\Local\Programs\Python\Python35\python.exe D:/t1/12.py
Building prefix dict from the default dictionary ...
Loading model from cache C:\Users\hzylfh\AppData\Local\Temp\jieba.cache
Loading model cost 0.586 seconds.
Prefix dict has been built succesfully.
删除前的分词结果： Python/ 是/ 大学生/ 最/ 喜爱/ 的/ 编程语言
删除后的分词结果： Python/ 是/ 大/ 学生/ 最/ 喜爱/ 的/ 编程语言

Process finished with exit code 0
```

图 7-23　jieba.del_word 举例运行结果

可以看出，将"大学生"分词改为了"大"和"学生"。

四、任务实现

首先准备好要生成词云的文稿，这里使用纪念五四运动100周年的讲话稿进行高频词的可视化呈现。文档部分内容如图 7-24 所示。

```
共青团员们，青年朋友们，同志们：

100年前，中国大地爆发了震惊中外的五四运动，这是中国近现代史上具有划时代意义的一个重大事件。
今年是五四运动100周年，也是中华人民共和国成立70周年。在这个具有特殊意义的历史时刻，我们在这里隆重集会，
缅怀五四先驱崇高的爱国情怀和革命精神，总结党和人民探索实现民族复兴道路的宝贵经验，这对发扬五四精神，
激励全党全国各族人民特别是新时代中国青年为全面建成小康社会、加快建设社会主义现代化国家、
实现中华民族伟大复兴的中国梦而奋斗，具有十分重大的意义。
```

图 7-24　纪念五四运动100周年讲话稿部分内容

思路为导入 jieba 库和 wordcloud 库，打开纪念五四运动100周年讲话稿的存储文件 young.txt，使用 jieba.lcut 模式对文章内容进行分词，然后去除一个字的分词结果并存入 txt 中，调用 generate(txt)生成词云，将生成的词云文件存储为 grwordcloud.png。

程序 7-20　统计讲话稿中的高频词并生成词云

```
import jieba
import wordcloud
with open('young.txt', 'r', encoding='utf-8') as f:
    t = f.read()
ls = jieba.lcut(t)
for item in ls:
    if len(item) == 1:
        ls.remove(item)

txt = " ".join(ls)
w = wordcloud.WordCloud(font_path = 'msyh.ttc', width = 1000, \
                        height = 700, background_color ='white')
w.generate(txt)
w.to_file('grwordcloud.png')
```

运行结果如图7-25所示。

图7-25　生成词云图 grwordcloud.png

任务四　个性化词云图案

个性化词云

一、设置词云轮廓

要设置词云轮廓，可以使用WordCloud对象的mask参数，未设mask参数时默认使用矩形图案，因此之前的词云效果均为矩形。

下面以生成心形轮廓的词云为例，找一个心形图案的图片1.jpg，设置解析到的图片为back_color，再将mask的参数设置为back-color，此时就能将词云轮廓设置为图片1的形状。

程序7-21　心形轮廓词云案例

```
import jieba
import wordcloud
from imageio import imread
from wordcloud import ImageColorGenerator
back_color = imread('1.jpg')#解析该图片，将词云轮廓设置为图片形状
with open('young.txt', 'r', encoding='utf-8') as f:
    t = f.read()

ls = jieba.lcut(t)
for item in ls:
    if len(item) == 1:
        ls.remove(item)

txt = " ".join(ls)
w = wordcloud.WordCloud(font_path = 'msyh.ttc', width = 1000, \
                        height = 700, mask=back_color,\
                        background_color = 'white')
w.generate(txt)
image_colors = ImageColorGenerator(back_color)
w.to_file('grwordcloud.png')
```

运行结果如图7-26所示。

图7-26　心形词云效果

二、设置词云颜色

为设置不同的词云效果，通过background_color参数设置词云背景的颜色，如background_color='yellow '表示背景为黄色。

可以通过colormap参数设置词云内容的颜色，colormap颜色通过matplotlib的cm模块调用，print(dir(cm))即可输出所有的名称，共计81种(不包含反向色条，如图7-27所示。

```
['Accent', 'Blues', 'BrBG', 'BuGn', 'BuPu', 'CMRmap', 'Dark2', 'GnBu', 'Greens',
'Greys', 'OrRd', 'Oranges', 'PRGn', 'Paired', 'Pastel1', 'Pastel2', 'PiYG', 'PuBu',
'PuBuGn', 'PuOr', 'PuRd', 'Purples', 'RdBu', 'RdGy', 'RdPu', 'RdYlBu', 'RdYlGn',
'Reds', 'Set1', 'Set2', 'Set3', 'Spectral', 'Wistia', 'YlGn', 'YlGnBu', 'YlOrBr',
'YlOrRd', 'afmhot', 'autumn', 'binary', 'bone', 'brg', 'bwr', 'cividis', 'cool', 'coolwarm',
'copper', 'cubehelix', 'flag', 'gist_earth', 'gist_gray', 'gist_heat', 'gist_ncar', 'gist_stern',
'gist_yarg', 'gnuplot', 'gnuplot2', 'gray', 'hot', 'hsv', 'inferno', 'jet', 'magma', 'nipy_spectral',
'ocean', 'pink', 'plasma', 'prism', 'rainbow', 'seismic', 'spring', 'summer', 'tab10',
'tab20', 'tab20b', 'tab20c', 'terrain', 'twilight', 'twilight_shifted', 'viridis', 'winter']
```

图7-27　colormap颜色列表

'Reds'的反向色条为'Reds_r'，'Blues '的反向色条为'Blues_r'，效果对比如图7-28所示。

图7-28　颜色对比图

程序 7-22 生成班级学生姓名的词云

```
from wordcloud import WordCloud
from imageio import imread
back_color = imread('1.jpg')
wc = WordCloud(mask=back_color,background_color='yellow',  # 背景颜色
max_words=1000,     # 最大词
max_font_size=100, # 显示字体的最大值
font_path= "data/simhei.ttf",  # 解决显示口字型乱码问题,可进入 C:\Windows\Fonts\目录更换字体
colormap="Blues"#词云颜色
)
text=open('cnword.txt',encoding='utf-8').read().split('\n')#打开文件,以换行符分割词组
text='  '.join(text)
wc.generate(text)
wc.to_file('20.png')#结果输出到该图片
```

运行结果如图 7-29 所示。

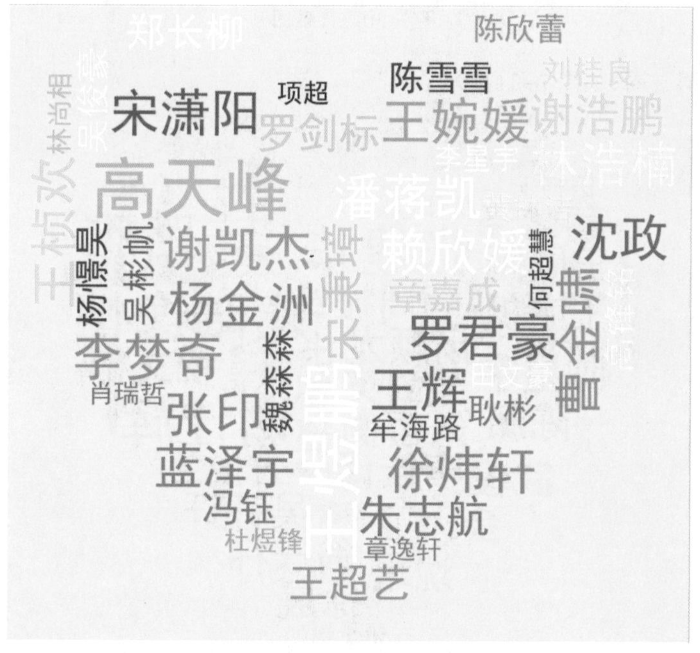

图 7-29 姓名心形词云效果

三、制作卡片词云

词云效果中可以设置纯色的背景，但是为了更加美观，可以采用图片叠加的效果为词云图增加背景效果，例如制作一张由班级同学的姓名组成的词云卡片，思路是先准备一张适合作为背景的图片，如图7-30所示。

图7-30　背景图

生成心形词云图，如图7-31所示。

图7-31　生成的心形词云图

导入PIL库,将两张图片进行合并,通过裁剪和设置透明度,输出的是两张图片的叠加效果。

程序7-23　词云卡片效果

```
import jieba
from PIL import Image   #导入所需库PIL,用于图片合并
jieba.setLogLevel(jieba.logging.INFO)
from imageio import imread
from wordcloud import WordCloud, ImageColorGenerator
import matplotlib.pyplot as plt
back_color = imread('1.jpg')  # 解析该图片,将词云轮廓设置为图片形状
wc = WordCloud(background_color='white',  # 背景颜色
max_words=1000,      # 最大词
mask=back_color,     # 以该参数值作图绘制词云,这个参数不为空时,width 和
height 会被忽略
max_font_size=100, # 显示字体的最大值
font_path="data/simhei.ttf",  # 解决显示口字型乱码问题,可进入 C:\Win-
dows\Fonts\目录更换字体
random_state=42,  # 为每个词返回一个PIL颜色
)
# 打开词源的文本文件
text = open('cnword2.txt', encoding='utf-8').read().split('\n')
text='   '.join(text)
# 该函数的作用就是把屏蔽词去掉,使用这个函数就不用在WordCloud参数中添
加stopwords参数了,需要屏蔽的词全部放入一个stopwords文本文件里即可。
wc.generate(text)
image_colors = ImageColorGenerator(back_color)
plt.imshow(wc)
plt.imshow(wc.recolor(color_func=image_colors))
wc.to_file('20.png')#结果输出到该图片
# 将两张图片进行合并,20.png生成的是白底图片,为叠加出更好的效果,需要将
图片进行合并
def blend_two_images(pic_name1,pic_name2):  #创立一个函数用于合成图片
    if type(pic_name1) != str or type(pic_name2) != str:   #判断输入的图片名
```

```
称类型是否有误
            return(print( 'error! '))
      img1 = Image.open(pic_name1)   #将图片一存为img1
      img1 = img1.convert( 'RGBA ')   #转换格式为RGBA
      img2 = Image.open(pic_name2)   #将图片二存为img2
      img2 = img2.convert( 'RGBA ')   #转换格式为RGBA
      if img1.size != img2.size:    #判断图片大小是否相等
         img2=img2.resize(img1.size)     #以img1图片的大小为基准缩放img2
      img=Image.blend(img1,img2,0.4)#将img1与img2进行合成并将图片赋值给img
#blend【blend(image1, image2, alpha)】函数中第三个变量控制两个变量的透明度
#控制公式为 :
#(blend_img = img1 * (1  -  alpha) + img2 * alpha)
      img.show()#展示,即将img调出展示
      img.save("合成图.png") #保存,保存名为合成图.png
      return(print('succees!  '))#表示你成功地运行了代码,用来庆祝
blend_two_images('5.jpg', '20.png') #在此调用函数,第一个参数是边框,第二个
参数是上个代码中导出的图云
```

运行结果如图7-32所示。

图7-32　词云卡片效果图

课后练习

制作一张新年贺卡,词云文字为新年祝福语,词云轮廓为新年的生肖,卡片底图自行根据主题进行设置。并以邮件的方式发给班里每一位同学。提示,使用邮件合并批量制作贺卡。

例如:

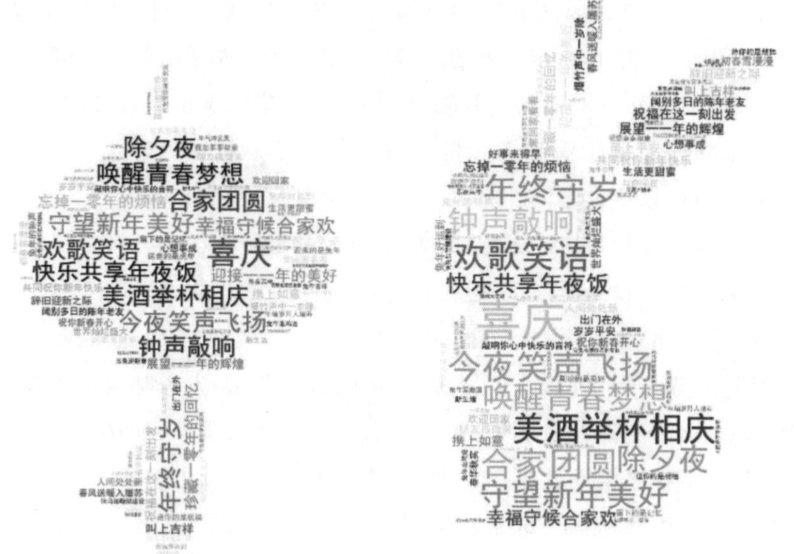

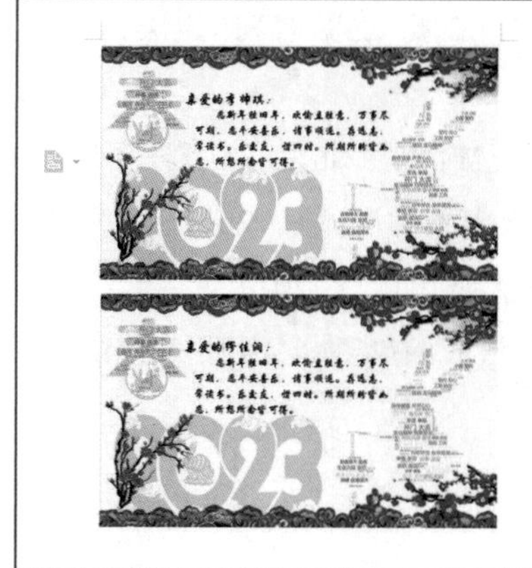

参考文献

[1]埃里克·马瑟斯.Python编程从入门到实践[M].袁国忠,译.北京:人民邮电出版社,2016.

[2]陈锐,李欣,夏敏捷.Visual C#经典游戏编程开发[M].北京:科学出版社,2011.

[3]陈秀玲,田荣明,冉勇.Python边做边学[M].北京:清华大学出版社,2021.

[4]崔贯勋,陆渝等.Python课程设计基础[M].北京:清华大学出版社,2021.

[5]董付国.Python程序设计基础[M].北京:清华大学出版社,2015.

[6]董付国.Python可以这样学[M].北京:清华大学出版社,2017.

[7]董付国.Python程序设计[M].2版.北京;清华大学出版社,2016.

[8]董付国.Python程序设计开发宝典[M].北京:清华大学出版社,2017.

[9]江红,余青松.Python程序设计教程[M].北京:北京交通大学出版社,2014.

[10]约翰·策勒.Python程序设计[M].3版.王海鹏,译.北京:人民邮电出版社,2018.

[11]李佳宇.Python零基础入门学习[M].北京:清华大学出版社,2016.

[12]林信良.Python程序设计教程[M].北京:清华大学出版社,2016.

[13]刘浪.Python基础教程[M].北京:人民邮电出版社,2015.

[14]刘宇宙.Python 3.5从零开始学[M].北京:清华大学出版社,2017.

[15]马克·萨默菲尔德.Python 3程序开发指南[M].2版.王弘博,孙传庆,译.北京:人民邮电出版社,2015.

[16]嵩天,礼欣,黄天羽.Python语言程序设计基础[M].2版.北京:高等教育出版社,2017.

[17]夏敏捷,尚展垒.Python课程设计[M].北京:清华大学出版社,2021.

[18]余本国.Python数据分析基础[M].北京:清华大学出版社,2017.

[19]郑秋生,夏敏捷.Java游戏编程开发教程[M].北京:清华大学出版社,2016.